化工工人岗位培训教材

化工工艺基础

第二版

朱宝轩　主编

化学工业出版社

·北京·

本书是根据国家有关标准，结合化工企业的要求编写的培训教材。内容包括化工基础原料、化工生产工艺过程管理、工艺过程的分析与组织、化工基本计算、典型基本化工产品生产等。适合企业实际应用，不强调深入的理论，注重结合实践，选编典型的产品生产工艺，加深读者对化工工艺基础理论的理解。本书内容深浅适度，通俗易懂，便于自学。

本书可作为化工企业技术工人的培训教材，也可供化工企业技术工人和自学使用，还可作为从事化工安全生产技术人员和管理干部的参考用书。

图书在版编目（CIP）数据

化工工艺基础/朱宝轩主编 . —2版 . —北京：化学工业出版社，2008.3（2014.4重印）
化工工人岗位培训教材
ISBN 978-7-122-02043-7

Ⅰ.化… Ⅱ.朱… Ⅲ.化工过程-生产工艺-技术培训-教材 Ⅳ.TQ02

中国版本图书馆 CIP 数据核字（2008）第 013208 号

责任编辑：刘　哲　周国庆　　　　装帧设计：尹琳琳
责任校对：蒋　宇

出版发行：化学工业出版社（北京市东城区青年湖南街 13 号　邮政编码 100011）
印　　装：北京科印技术咨询服务公司顺义区数码印刷分部
850mm×1168mm　1/32　印张 8½　字数 222 千字
2014 年 4 月北京第 2 版第 8 次印刷

购书咨询：010-64518888　　　　售后服务：010-64518899
网　　址：http://www.cip.com.cn
凡购买本书，如有缺损质量问题，本社销售中心负责调换。

定　　价：30.00 元

为适应市场经济发展和行业发展对职工教育培训的需要，积极配合化工企业技术工人进行职业技能鉴定及培训，根据国家有关标准，结合化工企业对技术工人的工艺基础要求，我们编写了这本书。

化学工业是国民经济的重要支柱行业之一。随着化学工业的不断发展，现代化工对从业人员提出了更高的要求。因此从事化工生产的专业技术人员必须学习和掌握相应的化工工艺的基础知识。国家劳动和社会保障部制定了一系列化工工艺操作人员专业等级标准。本书就是在这种情况下编写的。

本书第一版于 2004 年 6 月由化学工业出版社出版发行，经过三年多的应用后，针对教材中的问题，征求了部分使用者的意见和建议，结合化工企业技术工人培训的实际需要，决定对第一版进行修改补充。

本书第二版在保留化工基础原料、化工生产过程管理、工艺过程分析与组织、化工基本计算、典型基本化工产品生产等内容的基础上，删减了高聚物合成工艺一章的内容；将原化学反应器一章化整为零，插入结合到实际应用的工艺过程中去，既加深了对反应器的理解，又达到了与工艺相结合学习的目标；在化工基本计算一章中，删减了难度较深的复杂物料衡算和热量衡算的内容，补充了化工生产指标计算中必须要用到的利用化学方程式计算的内容，修改补充了简单过程物料衡算的内容，保证了在实际中常用计算能力的培训。在典型无机化工产品生产一章中，增加了煤气化生产合成气的内容；在典型有机化工产品生产一章中，删减了苯酚及丙酮的生产内容，修改了醋酸生产的内容，增加了天然气转化生产合成气、合成气合成甲醇、乙烯氧化生产乙醛、乙烯氧化偶联生产醋酸乙烯、丙烯氨氧化生产丙烯腈等较为典型的有机化工生产过程内容。

本书由朱宝轩主编。第 1、2、3、5、6 章由朱宝轩编写，第 4 章由霍琦编写。全书由朱宝轩统稿。在编写过程中，北京市化工学校的刘同卷、刘佩田、于红军等同志，河北医药职业技术学院田铁牛同志，提供了大量的帮助；北京市化工学校打印室给予了大力支持；化学工业出版社对该书的编写和出版提供了许多指导意见。在此一并表示衷心的感谢。

由于编者水平有限，加之时间仓促，如有不妥之处，恳请读者批评指正，不吝赐教。

编者

为适应市场经济发展和行业发展对职工教育培训的需要，积极配合化工企业技术工人进行职业技能鉴定及培训，提高工人理论知识水平和操作技能，根据国家有关部门职业技能鉴定标准，结合化工企业技术工人的现状，化学工业出版社组织了一套《化工工人岗位培训教材》，包括《化学基础》、《化工工艺基础》、《机械基础》、《化工安全技术基础》、《化工单元操作过程》、《化工电气》、《化工仪表》和《化工分析》。

化学工业是国民经济的重要支柱产业之一。随着化学工业的不断发展，现代化工对从业人员提出了更高的要求。因此从事化工生产的专业技术人员必须学习和掌握相应的化工工艺的基础知识，国家劳动和社会保障部制定了一系列化工工艺操作人员专业等级标准。《化工工艺基础》就是在这种情况下编写的。

本书对化工基础原料、化工生产工艺过程管理、工艺过程的分析与组织、化学反应器、化工基本计算、典型基本化工产品生产、高聚物合成工艺等几个方面的基本概念、基本理论及有关应用技术，从理论上做了较系统的介绍。编写时力求适合企业实际应用，不强调深入的理论，注重结合实践，使之具有可接受性和实践性。本书可作为化工企业高级技术工人和技师培训教材，也可作为从事化工安全生产技术人员和管理干部的参考用书，同时也可供相关专业人员培训使用。

本书由朱宝轩、霍琦主编。第 1、2、3、6、7 章由朱宝轩编写，第 4、5、8 章由霍琦编写。全书由朱宝轩统稿。在编写过程中，北京市化工学校潘茂春、刘佩田、于红军等同志提供了大量的帮助；化工学校打印室给予了大力支持。在此，一并表示衷心的感谢。

由于编者水平有限，加之时间仓促，难免有不妥之处，恳请读者批评指正，不吝赐教。

编　者

2004 年 2 月

目录

第 **1** 章

化工基础原料

培训目标

1. 了解石油、天然气、煤、生物质、部分矿物质的化工利用途径；了解石油、天然气、煤、生物质、部分矿物质的化学组成；了解原料路线选择的基本原则；了解化工生产的主要产品。

2. 明确化学工业的基本含义；明确化工原料和产品的基本概念。

1.1　概述

1.1.1　基本概念

（1）化学工业　化学工业是生产化学产品的工业。简单地说，化工过程就是利用一系列化学反应将自然界存在的天然资源转变成我们所需要的各种各样的新物质的加工过程。化学反应的多样性，决定了化学工业产品的多样性，因此，化学工业在国民经济中具有很重要的地位。随着人类社会发展对于物质需求不断变化，自然界所能提供的天然资源已经远远不能满足，而化学工业提供的产品可以代替天然物质和补充天然物质的不足。看一看国民经济各部门的发展，看一看我们每一个人的吃、穿、住、行，我们可以深切地感受到，化学工业的产品已经渗透到了人类活动的各个角落。

（2）化工原料　我们把生产化工产品的起始物料称为化工原料。原料的一个共同特点是原料的部分原子必须进入到产品当中。化工原料在化工生产中具有非常重要的作用，在产品生产成本中，原料所占的比例很高，有时高达 60%～70%，因此，对化工生产来说，原料路线的选择是至关重要的。

一种原料经过不同的化学反应可以得到不同的产品；不同的原料经过不同的化学反应也可以得到同一种产品。这一点决定了化学工业的丰富多彩和强大的生命力。

（3）化工产品　原料经过化学变化和一系列加工过程所得到的目的产物称为化工产品。化工产品中一般都含有原料中的部分原子。

一种物质是化工原料还是化工产品不是绝对的，要根据实际生产过程的需要具体确定。有时是原料，有时又是产品。

（4）中间产品　化工生产过程中所得到的目的产物在很多情况下是作为下一个工序的原料的，我们把这种产物称为中间产品。中间产品一般不能直接应用，需经过进一步加工才能变成可直接利用的产品。化工企业所生产的产品，大多属于中间产品。

（5）联产品　一套生产装置在生产过程中可以同时得到两种或两种以上的目的产物，我们将这两种或两种以上的目的产物互称为联产品。

（6）副产品　由于化学反应的多样性和复杂性，一个化工生产过程在得到目的产物的同时，往往会伴随着生成几种非目的产物的副产物，将这些副产物进行回收，提供给其他生产过程或部门。我们称这样的产品为化工副产品。化工生产过程中副产物非常多而复杂，如何进行有效回收，是降低产品成本和减少环境污染非常重要的问题，必须引起我们的重视。

1.1.2　化学工业的原材料

化学工业的原材料主要包括基础原料、基本原料、辅助材料。

（1）基础原料　指用来加工化工基本原料和产品的天然资源。通常是指石油、天然气、煤和生物质以及空气、水、盐、矿物质和金属矿等自然资源。

这些天然资源来源丰富，价格低廉，但经过一系列化学加工以后，就可得到很多的、很有价值的、更方便利用的化工基本原料和化工产品。

（2）基本原料　指自然界不存在，需经一定加工得到的原料。通常是指低碳原子的烷烃、烯烃、炔烃、芳香烃和合成气、三酸、两碱、无机盐等。如常用的乙烯、丙烯、丁烯、丁二烯、苯、甲苯、二甲苯、乙炔、甲烷、一氧化碳、氢气、氯气、氮气等。

由化工基本原料出发，可以合成一系列化工中间产品和最终产品。

石油、天然气、煤都是矿物能源，对化学工业有双重意义，既是原料，又是能源。

现代化学工业发展初期，基础原料以煤为基础，第二次世界大战结束后，科学技术得到了空前的发展，化学反应技术也得到了很大的发展，自20世纪50年代中期以来，石油和天然气逐渐取代了煤，成为化学工业的主要基础原料。

但随着人类技术的进步和生活水平的提高，人类对于自然的开采也日益无节制，到 20 世纪 90 年代，资源的枯竭问题已经成为威胁人类发展的重要问题，可持续发展成为 21 世纪人类发展的必然之路。化学工业也同样面临着一次新的革命，那就是如何利用有限的资源创造出更多的产品，为推动人类发展做出更多的贡献。

（3）辅助材料 在化工企业生产中，除必须消耗原料来生产目的产品外，还要消耗一些辅助材料，通常将这些材料与原料一起统称为原材料。辅助材料是相对于原料而言的，它是反应过程中辅助原料的成分，可能在反应过程中进入产品，也可能不进入产品中，这是和原料的最本质区别。化工生产中常用的材料有助剂、添加剂、溶剂、催化剂等。

1.2 石油的化工利用

1.2.1 原油的开采和加工

（1）石油的组成与开采 石油是蕴藏于地球表面以下的有气味的可燃性黏稠液态矿物质，颜色为黄色、褐色或黑褐色，不溶于水，相对密度为 0.75～1.0，其颜色、密度与组成有关。石油不是一种单纯的化学物质，是由众多碳氢化合物所组成的混合物，其成分非常复杂，且随产地不同而不同，但主要是由碳、氢两种元素组成的烃类物质，此外还有少量含氧、氮、硫等的有机化合物，微量的无机盐以及水。各种元素的质量含量一般为：C 83%～87%，H 11%～14%，O、N、S 1%。

根据石油中所含烃类的主要成分，可以把石油分成三大类：以直链烷烃为主的烷基石油（石蜡基石油），以环烷烃为主的环烷基石油（沥青基石油），介于两者之间的中间基石油（混合基石油）。我国所产的石油多属于低硫烷基石油，主要是重质原油。以大庆为例，硫含量一般在 0.1%（质量）左右，含蜡量（直链烷烃）高达 22.8%～25.76%。表 1-1 列出了我国部分石油的主要组成与性质。

表 1-1 我国部分石油的主要组成与性质

原油产地		大庆原油	华北混合原油	胜利原油 1[#]	克拉玛依（井口混合采样）
密度(298K)/(kg/m³)		860.1	883.7	900.5	867.9
凝固点/ K		304	309	301	−50
含蜡量(吸附法)/%		25.76	22.8	14.6	2.04
沥青质/%		0.12	2.5	5.1	—
元素分析/%	C	85.87	—	86.26	86.13
	H	13.73	—	12.20	13.30
	S	—	0.31	0.41	0.04
	N	0.13	0.38	0.80	0.25
馏程	初馏点/K	75	108	96	58
	393K/质量%	2.5	1(413K)	2.0	5
	433K/质量%	7.5	2.5	4.0	12
	473K/质量%	12.0	4.5	7.5	18
	573K/质量%	23.0	16.0	18.0	35
平均相对分子量		300	417	343	299

国外部分地区的石油组成见表 1-2。由表可见，国外石油中含硫较高的油田较多，轻质油油田较多，石脑油收率多在 20％（体积）以上。

表 1-2 国外部分石油的组成

原油产地	中　东			美　国		加拿大
	沙特阿拉伯	科威特	伊拉克	加利福尼亚	东福克斯	
硫含量/%	2.9	2.6	2.0	1.5	0.3	0.4
石脑油(C_5～477K 馏分)/V%	24	27	36	19	38	34
轻柴油(477～643K 馏分)/V%	24	28	32	27	24	33
重柴油(643～811K 馏分)/V%	23	30	17	29	27	18
渣油(811K 以上馏分)/V%	29	15	15	26	11	15

石油是十分重要的能源，目前天然气和石油在能源生产中占主要比例。我国石油资源储量主要分布于东北、华北、西北、东海、南海等地。

石油的开采一般开始时是依靠自身压力压向地面，当压力不足时，可以采用从外部注入能量的方法。采油方式可分为三种。

① 一次采油 石油的开采一般开始时是依靠自身压力压向地面，当压力不足时，采用泵抽的方法，称为一次采油。

② 二次采油 若油井自身压力不足时，也可以采用注入水或打入气体的方法增加油层压力，称为二次采油。

③ 三次采油 三次采油有热操作法、化学法、混流法等三种。

a. 热操作法 将热水或蒸汽导入地层或注入空气使部分石油燃烧的方法。通过加热降低原油黏度。

b. 化学法 加入表面活性剂使油水间的表面张力降到两者几乎能混合，这样就可以使被水包围的油滴从岩油缝中流出。另一方法是将水溶性聚合物压入油井，提高水流的黏度，使石油成为均匀的油层被挤出。

c. 混流法 导入一种能与石油相混溶的介质，如二氧化碳气体、液体丙烷和丁烷。

（2）石油的加工 从地下开采出来未经加工处理的石油称为原油。原油一般不直接利用，而是经过加工处理后制成各类石油产品，如汽油、煤油、柴油、沥青等。将石油加工成各种石油产品的过程称为石油炼制。石油炼制的目的是根据石油中各种成分沸点的不同，将其按不同的沸程分离得到不同质量的油品，作为不同性质和用途的燃料油，或作为化学工业的原料。根据不同的需要，对油品沸程的划分略有不同，一般可分为汽油（50～205℃）、航空煤油（145～245℃）、煤油（160～310℃）、柴油（180～350℃）、润滑油（350～520℃）、重油或渣油（大于520℃）等。各炼油厂往往根据不同的要求拟定不同的炼油方案和工艺。不同沸程的油品及主要用途见表1-3。

原油的加工分为一次加工和二次加工。一次加工是指原油的脱盐、脱水等预处理和常减压蒸馏等物理过程；二次加工是指催化裂化、催化重整、加氢裂化、热裂化等化学过程。

表 1-3 石油加工的主要油品的沸程和主要用途

油品	沸程/℃	大致组成	主要用途
石油气	<40	$C_1 \sim C_4$	燃料、化工原料
石油醚	40~60	$C_5 \sim C_6$	溶剂
汽油	50~205	$C_7 \sim C_9$	内燃机燃料、溶剂
溶剂油	150~200	$C_9 \sim C_{11}$	溶剂
航空煤油	145~245	$C_{10} \sim C_{15}$	喷气式飞机燃料油
煤油	160~310	$C_{11} \sim C_{16}$	灯油、燃料、工业洗涤油
柴油	180~350	$C_{16} \sim C_{18}$	柴油机燃料
润滑油	350~520	$C_{16} \sim C_{20}$	机械润滑
凡士林	>350	$C_{18} \sim C_{22}$	制药、防锈涂层
石蜡	>350	$C_{20} \sim C_{24}$	制皂、蜡烛、蜡纸、脂肪酸、造型
燃料油	>350		锅炉燃料
沥青	>350		防腐绝缘材料、铺路、建筑材料
石油焦			制电石、石炭精棒,用于冶金工业

① 脱盐、脱水 开采出的原油中伴有水，水中溶解有 $NaCl_2$、$CaCl_2$、$MgCl_2$ 等盐类。这些杂质的存在对炼油装置危害很大，造成腐蚀和结垢，严重影响生产正常进行。因此，首先要进行脱盐、脱水等预处理。含水原油常常是一种比较稳定的油包水型乳状液，只要破坏了这种乳化状态，就能使水滴凝结，从而达到油水分层分离的目的。目前炼油厂广泛采用的是加入破乳剂和在高压电场（促使含盐水滴凝结）联合作用的脱盐水法。

② 常减压蒸馏 利用原油中各组分沸点的不同，按沸点范围（即沸程）将其分为不同的馏分（即油品）的蒸馏操作。常减压蒸馏是先在常压下进行蒸馏操作，为了进一步分离重组分，根据物质的沸点随压力降低而下降的规律，再在减压条件下进行蒸馏操作。

③ 催化裂化 催化裂化就是指在催化剂上进行的裂化过程，由于催化剂的存在，裂化可以在较低的温度和压力下进行，因而可以促进石油烃的异构化、芳构化和环烷化等反应，提高油品的辛烷值❶。催化裂化是炼油工业广泛采用的一种催化过程。

---

❶ 一种衡量汽油作为动力燃料时抗震爆的指标。规定正庚烷的辛烷值为零，异辛烷的辛烷值为100，在正庚烷和的异辛烷混合物中，异辛烷的百分率称做该混合物的辛烷值。各种汽油的辛烷值是把它们在汽油机中燃烧时的爆震程度与上述正庚烷和异辛烷的混合物比较而得。辛烷值越高，抗震爆性能越好，汽油的质量就越好。

④ 催化重整　催化重整是指以一定馏分的直馏油品为原料，在催化剂的作用下，使其碳键结构重新调整，正构烷烃发生异构化，转化为芳烃的过程。催化重整可以提高油品的辛烷值，更是获取基本有机化工原料芳烃的重要方法。

⑤ 加氢裂化　加氢裂化是指在氢存在下进行的催化裂化过程。加氢裂化可由重质油生产汽油、航空煤油、低凝点柴油等，所得产品质量好、收率高，因此已经成为现代炼油工业的主要加工方法之一。

⑥ 热裂化　热裂化是指在没有任何催化剂的情况下，在一定温度、一定压力条件下进行的裂化过程。由于热裂化需要在较高的温度下进行，反应中伴有聚合反应和生炭反应，因而产品质量较差，在现代炼油工业中已逐渐被催化裂化所取代。但是，以重油、渣油等为原料进行热裂化反应，是石油化学工业中获取甲烷、乙烯、丙烯、丁烯等基本有机化工原料的重要途径。

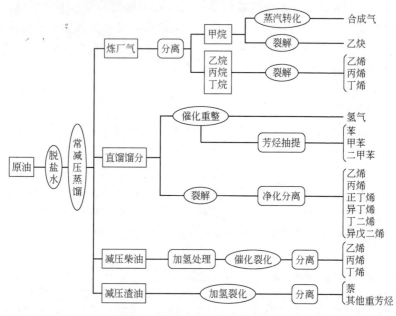

图 1-1　石油化工利用的主要途径

1.2.2　石油与化学工业

石油是现代化学工业最重要的基础原料之一。重要的有机化工生产原料如乙烯、丙烯、丁二烯、苯、甲苯、二甲苯、乙炔、萘等，均来自于石油和天然气。大约90％的化工产品来自于石油和天然气。从石油获取基本化工原料的主要途径如图1-1所示。

1.3　天然气的化工利用

1.3.1　天然气的组成

天然气是一种蕴藏于地下的可燃性气体，其主要成分是甲烷，同时含有$C_2 \sim C_4$的各种烷烃以及少量的硫化氢、二氧化碳等气体。甲烷含量高于90％的称为干气（富气），$C_2 \sim C_4$烷烃的含量大于15％的称为湿气（贫气）。

按天然气来源可分为气井气、油田伴生气和煤层气。气井气是单独蕴藏的天然气，多为干气。油田伴生气是与石油共生的天然气，在开采石油时同时获得，多为湿气。煤层气又称瓦斯气，是吸附于煤层上的甲烷气体。煤层气储量很丰富，未来的前景会很好，但目前的开采利用率较低。

我国的天然气分布很广，不同产地的天然气组成也略有差异。表1-4列出了我国主要天然气产地的天然气组成情况。

表1-4　我国主要天然气产地的天然气组成

产地	组成/V％									
	CH_4	C_2H_6	C_3H_8	C_4H_{10}	C_5H_{12}	CO	CO_2	H_2	N_2	H_2S
四川	93.01	0.80	0.20	0.05	—	0.02	0.40	0.02	5.50	$(2\sim4)\times10^{-5}$
大庆	84.56	5.29	5.21	2.29	0.74	—	0.13	—	1.78	3×10^{-5}
辽河	90.78	3.27	1.46	0.93	0.78	—	0.50	0.28	1.50	2×10^{-5}
华北	83.50	8.28	3.28	1.13	—	—	1.50	—	2.10	—
胜利	92.07	3.10	2.32	0.86	0.10	—	0.68	—	0.84	—

开采出来的天然气在输送利用以前要先净化，除去其中所含的水、二氧化碳、硫化氢等有害杂质。通常采用的净化处理方法有化

学吸附法、物理吸收法和物理吸附法。如采用碱的水溶液吸收硫化氢和二氧化碳等酸性气体。当杂质气体含量较低时可以采用吸附法进行净化。

天然气的利用主要有两个方面：一是作燃料能源，二是作化工原料。

1.3.2 天然气的化工利用

天然气是现代化学工业的重要基础原料。尤其随着碳一深加工技术的不断发展，天然气在化工领域会具有更加广阔的前景。由于我国的天然气蕴藏量十分丰富，这就为我国发展天然气化工奠定了坚实的物质基础。

天然气的化工利用的主要途径如图 1-2 所示。

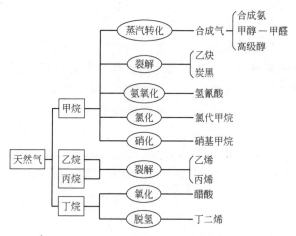

图 1-2　天然气的化工利用途径

1.4　煤的化工利用

1.4.1　煤的组成与开采

煤是自然界蕴藏量最丰富的的资源，在世界能源总储量中，煤约占 79% 左右，是石油和天然气储量的 6.5 倍多。从目前能源消耗看，石油和天然气的消耗量约为煤消耗量的2倍左右。因此，从长远角度看，发展煤的综合利用，合理利用煤炭资源和发展煤炭转化技术是可持续发展的必然要求，具有广阔的发展前景。

煤是由碳、氢以及氧、氮、硫等元素组成的化合物的复杂固体混合物，其中还有无机矿物质（如硅、镁、钙、铁、铝等）和水分等。煤的组成因品种不同而有差别。各种煤所含主要元素组成见表1-5。

表1-5 各种煤的主要元素组成

煤的种类		泥煤	褐煤	烟煤	无烟煤
元素分析	C	$60\%\sim70\%$	$70\%\sim80\%$	$80\%\sim90\%$	$90\%\sim98\%$
	H	$5\%\sim6\%$	$5\%\sim6\%$	$4\%\sim5\%$	$1\%\sim3\%$
	O	$25\%\sim35\%$	$15\%\sim25\%$	$5\%\sim15\%$	$1\%\sim3\%$

煤的结构很复杂，是以芳香烃结构为主，具有烷基侧链和含氧、含硫、含氮基团的高分子混合物。因此，以煤为原料，可以得到许多石油化工较难得到的芳烃产品，如萘、蒽、菲、酚类、喹啉、吡啶、咔唑等。

在我国能源消耗结构中，煤仍居首位。但用煤直接燃烧，热效率和资源利用率都很低，而且污染严重，因此，提高煤的转化技术，既可以提高煤的热效率，更可以提高煤的综合利用率。

1.4.2 煤的化工利用

煤的化工综合利用途径很多，主要是以煤的原料经过汽化、液化、焦化和特殊加工，生产合成气、芳烃、电石等基本化工原料。从煤获取基本化工原料的主要途径如图1-3所示。

（1）煤的焦化 又称干馏，是指在将煤隔绝空气的情况下进行加热，使其在一定的温度下分解的过程。煤的焦化过程，加热温度不同，发生的变化也不同，所得到的产物也不同。在1000～1200℃高温下的焦化称为高温焦化，其产物有焦炭、煤焦油、粗苯、氨和焦炉气；500～600℃温度下的焦化称为低温焦化，其产物

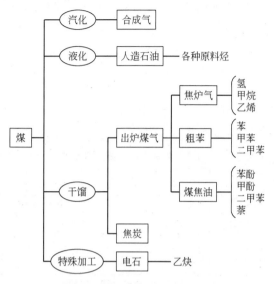

图 1-3 煤化工利用的主要途径

为半焦、低温焦油和煤气。高温煤焦油中芳烃类产品含量较高，低温焦油中芳烃含量少而烷烃、环烷烃和酚的含量较多，是人造石油的重要来源。

一般煤焦油精馏所得各馏分主要组成见表 1-6。

表 1-6　煤焦油精馏所得各馏分的主要组成

馏分	沸程/℃	含量/(质量%)	主要组分/(质量%)	可得产品
轻油	<170	0.4~0.8	苯族烃	苯,甲苯,二甲苯
酚油	180~210	1.0~2.5	酚和甲酚 20~30,萘 5~20,吡啶碱类 4~6	苯酚,甲酚,吡啶
萘油	210~230	10~13	萘 70~80,酚、甲酚和二甲酚 4~6,重吡啶碱类 3~4	萘,二甲酚,喹啉
洗油	230~300	4.5~6.5	甲酚、二甲酚及高沸点酚 3~5,重吡啶碱类 4~5,萘<15	萘,喹啉
蒽油	300~360	20~28	蒽 16~20,萘 2~4,高沸点酚 1~3,重吡啶碱类 2~4	粗蒽
沥青	>360	54~56		

粗苯主要由苯、甲苯、二甲苯、三甲苯组成。一般粗苯的组成含量见表1-7。

表 1-7　粗苯的组成

组分 (芳烃)	含量/% (质量)	组分 (不饱和烃)	含量/% (质量)	组分 (硫化物)	含量/% (质量)	组分 (其他)	含量/% (质量)
苯	55～80	戊烯	0.3～0.5	二硫化碳	0.3～1.5	吡啶	0.1～0.5
甲苯	12～22	环戊二烯	0.5～1.0	噻吩		甲基吡啶	
二甲苯	3～5	C_6～C_8 烯烃	～0.6	甲基噻吩	0.3～1.2	酚	0.1～0.6
乙苯	0.5～1.0	苯乙烯	0.5～1.0	二甲基噻吩		苯酚	0.5～2.0
三甲苯	0.4～0.9	茚	1.5～2.5	硫化氢	0.1～0.2		

焦炉气主要由氢气和甲烷组成。一般焦炉气的组成含量见表1-8。

表 1-8　焦炉气的组成

组　　分	含量/%(V)	组　　分	含量/%(V)
氢	54～59	一氧化碳	5.5～7
甲烷	24～28	二氧化碳	1～3
烯烃	2～3	氮	3～5

（2）煤的气化　指煤、焦炭或半焦在一定高温条件下通入气化剂，是炭经过一系列反应转化为煤气的过程。气化剂有水蒸气、空气和氧气。煤气主要由一氧化碳、二氧化碳、氢气、氮气及甲烷等组成。根据使用气化剂的不同，煤气分为空气煤气（以空气为气化剂）、水煤气（以水蒸气为气化剂）、混合煤气（以水蒸气和空气混合气为气化剂）、半水煤气（空气煤气和水煤气混合）四种。四种煤气的组成见表1-9。

煤气是清洁燃料，热值高，使用方便。煤气也是重要的化工原料。

（3）煤的液化　指煤通过化学加工转化为液体燃料的过程。煤的液化可分为直接加氢液化和间接液化两种。

直接加氢液化是在高压、高温、催化剂作用下，直接加氢转化

表 1-9   各种工业煤气的组成

组 分	组成/%(V)			
	空气煤气	水煤气	混合煤气	半水煤气
氢	0.5～0.9	47～52	12～15	37～39
一氧化碳	32～33	35～40	25～30	28～30
二氧化碳	0.5～1.5	5～7	5～9	6～12
氮	64～66	2～6	52～56	20～33
甲烷	—	0.3～0.6	1.5～3	0.3～0.5
氧	—	0.1～0.2	0.1～0.3	0.2
硫化氢	—	0.2	—	0.2
气化剂	空气	水蒸气	空气、水蒸气	空气、水蒸气
用途	燃料气 合成氨	合成甲醇 合成氨	燃料气	合成甲醇 合成氨

为液态烃的过程。间接液化是先将煤制成煤气，再在催化剂的作用下使合成气转化为烃类燃料和含氧化合物燃料的过程。间接液化产品是优良柴油的代用品。

（4）煤生产乙炔   焦炭或无烟煤与生石灰在电炉中熔融反应可以转化为电石（碳化钙），电石水解就可以得到乙炔。由煤生产电石再水解生产乙炔，是具有悠久历史的传统的生产化工基本原料的方法。但是，煤生产电石要吸收大量的热量，需要很高的温度，必须采用高电流电炉加热原料，每生产 1kg 乙炔大约需耗电 10kW·h 左右，电耗量很高，因此，此种方法随着石油化工的发展已基本被淘汰。

1.5   生物质的化工利用

1.5.1   生物质分类

生物质即是生物有机物质，泛指农产品、林产品以及各种农林产品加工过程的废弃物。农产品的主要成分是单糖、多糖、淀粉、油脂、蛋白质、木质纤维素等；林产品主要是由纤维素、半纤维素和木质素三种成分组成的木材。

用于加工化工基本原料的生物质可以分为三类。

① 含糖和淀粉的物质　主要成分是多糖化合物。包括玉米、小麦、木薯、甘薯、大米、橡子等薯类和野生植物的果实与种子。淀粉产量最大的是玉米淀粉，约占淀粉量的 80% 以上。

② 含纤维素的物质　纤维素在自然界中的分布很广，是地球上蕴藏十分丰富的可再生资源。几乎所有的植物都含有纤维素和半纤维素。棉花、大麻、木材等植物中含有较高的纤维素，尤其是棉花，其纤维素含量达 $92\%\sim95\%$。许多农作物的秸秆、皮、壳都含有纤维素，如稻秆、高粱秆、玉米秆、玉米芯、棉籽壳、稻壳等。另外，木材采伐和加工过程的下脚料，如木屑、碎木、枝丫、甘蔗渣、甜菜渣等也含有纤维素。

③ 油脂　包括动、植物油和脂肪，主要是各种高级脂肪酸和甘油酯等，如牛脂、猪脂、乳脂、蓖麻油和桐油等。

1.5.2　生物质的化工利用

生物质的化工利用由来已久。以棉花、羊毛和蚕丝制取纤维，用纤维素加工纸张，用油脂制造洗涤剂，用天然胶乳生产橡胶等都有悠久的历史。

由生物质制取化工基本原料和产品的加工途径如图 1-4 所示。

（1）淀粉水解　含糖和淀粉质的物质经蒸煮糊化，加入一定量的水，再加入淀粉酶，淀粉即可水解为麦芽糖和葡萄糖（又称"糖化"），再加入酵母菌就可以发酵转化为乙醇、丁醇和丙酮等。

$$2(C_6H_{10}O_5)_n \xrightarrow[\text{淀粉酶}]{H_2O} C_{12}H_{22}O_{11} \xrightarrow[\text{淀粉酶}]{H_2O} C_6H_{12}O_6$$
$$\underset{\text{淀粉}}{\quad} \qquad\qquad \underset{\text{麦芽糖}}{\quad} \qquad\qquad \underset{\text{葡萄糖}}{\quad}$$

$$C_6H_{12}O_6 \xrightarrow{\text{酵母菌}} 2CH_3CH_2OH + 2CO_2$$

若使用的酵母菌菌种为丙酮-丁醇菌，则淀粉水解发酵即可得到丙酮、丁醇和乙醇。

$$\frac{11}{n}(C_6H_{10}O_5)_n + 9H_2O \longrightarrow 4(CH_3)_2CO + 6C_4H_2OH$$
$$\underset{\text{淀粉}}{\quad}$$
$$+ 2C_2H_5OH + 16H_2 + 26CO_2$$

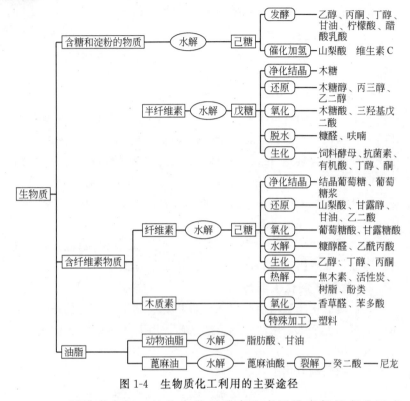

图 1-4　生物质化工利用的主要途径

（2）纤维素水解　植物中的纤维素和半纤维素都是高分子多糖。纤维素是多缩己糖，半纤维素是多缩戊糖，经水解后分别可得葡萄糖和戊糖。

$$(C_6H_{10}O_5)_n + nH_2O \xrightarrow{\text{水解}} nC_6H_{12}O_6$$
$$\underset{\text{多缩己糖}}{} \qquad\qquad\qquad \underset{\text{葡萄糖}}{}$$

$$(C_6H_8O_4)_n + nH_2O \xrightarrow{\text{水解}} nC_5H_{10}O_5$$
$$\underset{\text{多缩戊糖}}{} \qquad\qquad\qquad \underset{\text{戊糖}}{}$$

葡萄糖发酵可得乙醇、丙酮、丁醇等。戊糖在酸性介质中加热脱水可得到糠醛。

$$C_5H_{10}O_5 \xrightarrow[\triangle]{\text{脱水}} \text{糠醛} + 3H_2O$$

糠醛学名呋喃甲醛，是无色透明的油状液体，分子结构中含有羰基、双烯和环醚的官能团，化学性质活泼，可参与多种类型的化学反应。主要用于生产糠醇树脂、糠醛树脂、顺丁烯二酸酐、医药、农药、合成纤维等，是一种重要的化工原料。目前糠醛最主要的生产方法就是生物质水解。糠醛生产在生物质化工利用中占有重要的地位。几种主要生物质生产糠醛的理论产率见表1-10。

表 1-10　几种主要生物质生产糠醛的理论产率

原　料	理论产率/%	原　料	理论产率/%
麸皮	20～22	甘蔗皮	15～18
玉米芯	20～22	稻壳	10～14
棉籽皮	18～21	花生壳	10～12
向日葵籽皮	16～20		

糠醛生产的工艺过程如图 1-5 所示。

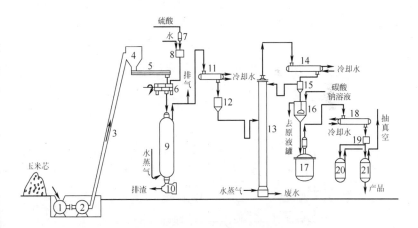

图 1-5　糠醛生产工艺流程示意

1—粉碎机；2—风机；3—风送管；4—料仓；5—螺旋输送器；6—拌酸机；7—硫酸计量罐；8—配酸罐；9—水解锅；10—排渣阀；11,14—冷凝冷却器；12—原液贮罐；13—蒸馏塔；15—醛水分离器；16—中和罐；17—精制罐；18—冷凝器；19—冷却器；20—脱水贮罐；21—成品贮罐

（3）油脂水解　工业上主要通过水解蒸馏的方法，用动植物油制取脂肪酸和甘油。

$$\begin{matrix} CH_2OCOR \\ | \\ CHOCOR \\ | \\ CH_2OCOR \end{matrix} +3H_2O \longrightarrow 3RCOOH + \begin{matrix} CH_2OH \\ | \\ CHOH \\ | \\ CH_2OH \end{matrix}$$

甘油酯　　　　　　　　　脂肪酸　　　甘油

用蓖麻油在氧化锌作用下水解为蓖麻油酸，再在碱性和一定高温条件下裂解，经酸中和、酸化、结晶就可得到癸二酸。癸二酸是制造尼龙的重要原料。

1.6　矿物质的化工利用

我国矿产资源丰富，能够生产化工基本原料和产品的矿产资源很多，常用的大约有二十几种，如硫铁矿、自然硫、磷矿、钾盐、明矾石、石灰石、硼矿、天然碱、石膏、镁盐、重晶石、硅藻土等。

图1-6所示为最常见的几种矿产资源的化工利用途径。

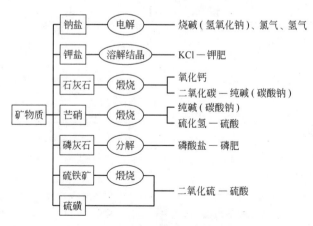

图1-6　部分矿物质的化工利用

1.7 原料路线选择

化学工业基础原料资源丰富，化学反应纷繁多样，合成某一种化学产品往往可以从不同的基础原料出发，经过不同的加工途径得到。比如氯乙烯的生产路线就有几种路线可以选择，如图 1-7 所示。

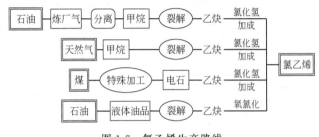

图 1-7 氯乙烯生产路线

许多基本有机化工原料和产品的传统生产都是以乙炔为基本原料的，如氯乙烯、乙醛、醋酸乙烯、聚酯树脂、苯乙烯等。但随着石油化工的发展，乙炔已经逐步被价格便宜、易于加工的基本原料乙烯所取代。

实际上采用哪一种原料路线和生产技术，应该遵循经济而又可行的原则，因地制宜。每一种天然资源作为化工基础原料都有各自的优点和不足之处。

（1）以石油和天然气作为化工基础原料　其优点如下。

① 资源丰富　化工生产所消耗的石油和天然气仅占总消耗的百分之几。

② 利用率高　石油中碳氢化合物含量很高，一般炼油厂中的废物仅为原油的 2% 左右。

③ 运输便利　石油和天然气都是流体，开采和运输都比较便利，可以采用管道输送，动力消耗低。

④ 易于实现生产自动化　石油和天然气都是流体，可以采用

管道输送，容易实现密闭，有利于进行自动化操作。

⑤ 产品范围广　从石油和天然气可以生产绝大多数品种的化工原料和产品。

⑥ 综合利用率高　石油和天然气在加工过程中，可以产生多种基本原料，有利于全面综合利用。

由于以上优点，石油和天然气作为化学工业的基础原料是现代化工的必然选择。

（2）以煤作为化工基础原料　由于煤炭储量丰富，以煤为化工基础原料进行化工生产仍然具有现实意义，而且随着科学技术的发展，煤化工利用的前景是广阔的。

① 资源丰富　据已探明的资源资料看，目前煤的储量比石油要多得多，因此更具有长远意义。

② 历史悠久　煤化工发展的历史较为久远，很多生产过程的技术很成熟和经典，保证了煤化工的发展。

③ 适用于以乙炔为原料的产品生产　由于乙炔合成化工原料的过程比较简单，对于生产能力不大，容易用乙炔制取的产品，采用煤资源是合理的。

④ 综合利用价值高　没经过焦化加工，从煤焦油中可以分离出很多稠环和杂环芳烃，如苊、芴、呋喃、噻吩、吡啶、茚、咔唑、萘、蒽、菲等，是生产医药、染料等的重要原料。

（3）以生物质作为化工基础原料　由于所含可供化工利用的有效成分较少，耗用量大，运输不便，加之农副产品的分散性和季节性特点，难以满足大工业的需要。因此，生物质化工不适合规模化生产，但对中小型企业有一定的意义。

（4）以矿物质为化工基础原料　主要受矿产资源分布的限制，应根据资源储藏情况，发展相应的化学加工过程。

为了合理发展化学工业，一般来说，选择原料时，可以考虑以下几个原则。

① 原料资源充足可靠，成本较低，易于开采或收集。

② 原料含杂质少，能用比较简单的方法加工，且产品质量

较好。

③ 原料资源运输方便。

④ 尽量实现综合利用，充分发挥自然资源的多方面功能。

⑤ 注意考虑原料资源的特殊条件和地区因素。

总之，发展化学工业，选择原料路线时，要考虑的因素很多，除了上面提到的，还有政治因素、战略需要、技术发展等。因地制宜、综合发展是选择原料路线的基本方针。

1.8 化工生产的主要产品

1.8.1 基本有机化工的主要产品

（1）碳一系列的化学产品　包括从甲烷和合成气出发生产的两大类产品。甲烷系列主要产品如图 1-8 所示。合成气系列产品是指以一氧化碳、甲醇为原料生产的产品，如图 1-9 所示。

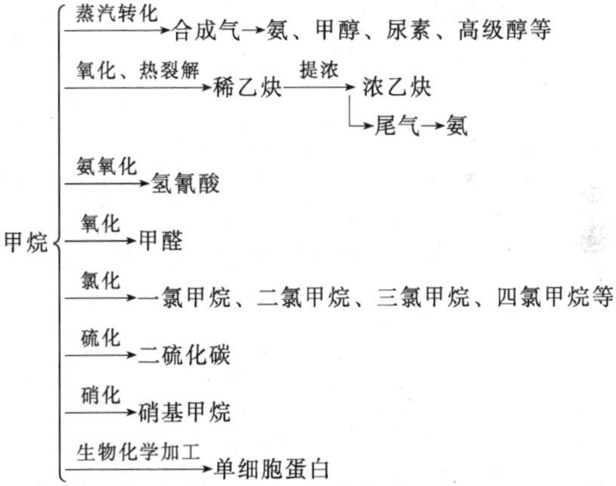

图 1-8　甲烷系列主要产品

（2）碳二系列化学产品　包括从乙烯和乙炔出发的两大类产品。

乙烯是基本有机化学工业中最重要、产量最大的一种基本原料，从乙烯出发可以合成许多重要的有机化工产品。乙烯用途中，

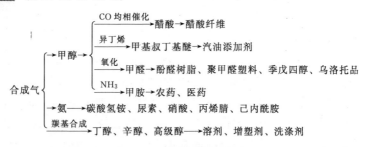

图 1-9　合成气系列主要产品

目前用量最大的产品是聚乙烯（高密度聚乙烯、低密度聚乙烯等）、环氧乙烷、二氯乙烷等。乙烯系列的主要产品如图 1-10。

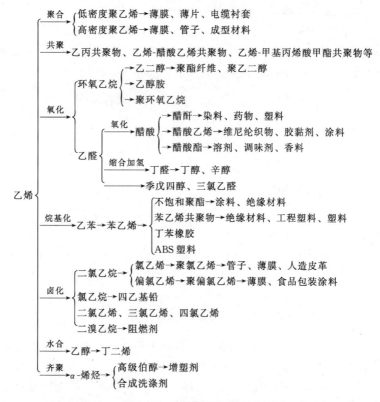

图 1-10　乙烯系列主要产品

乙炔化学工业在 20 世纪 50 年代以前一直占主要地位，从 60 年代起，由于石油化学工业的发展，一部分以乙炔为原料生产的产品逐步转向以乙烯和丙烯为原料。而我国产量较大的氯乙烯、醋酸乙烯等产品以乙烯和乙炔为原料生产的均有采用。乙炔系列的主要产品如图 1-11 所示。

乙炔
+HCl →氯乙烯→聚氯乙烯
+H₂O →乙醛 氧化→醋酸
+醋酸 →醋酸乙烯
+甲醛 →1,4 丁炔二醇 加氢→1,4 丁二醇→聚酯树脂
氯化 →二氯乙烯、三氯乙烯、四氯乙烯、四氯乙烷
二聚 →乙烯基乙炔 +HCl→氯丁橡胶
+苯 →乙苯→苯乙烯

图 1-11 乙炔系列主要产品

（3）碳三系列主要化学产品 即以丙烯出发生产的产品，其在基本有机化学工业中的重要性仅次于乙烯系列产品。丙烯系列主要产品如图 1-12 所示。

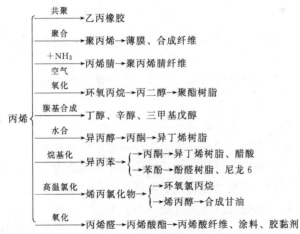

图 1-12 丙烯系列主要产品

（4）碳四系列主要化学产品　碳四烃来源丰富，可以从油田气、炼厂气、烃类裂解制乙烯副产的碳四馏分中得到，是基本有机化学工业的重要原料。尤其是正丁烯、异丁烯和丁二烯最重要，其次是正丁烷。碳四烃系列的主要产品如图 1-13 所示。

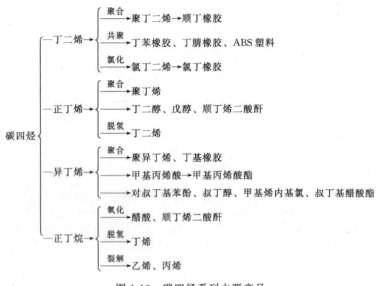

图 1-13　碳四烃系列主要产品

（5）芳烃系列主要化学产品　芳烃中以苯、甲苯、二甲苯和萘最为重要。苯、甲苯、二甲苯可以直接作溶剂使用，也可以进一步作基本原料生产多种有机化工产品。芳烃系列的主要产品如图 1-14 所示。

1.8.2　无机化工主要产品

（1）氮及氮加工产品　氨是一种用途很广的基本化学产品，氨水本身就是一种高效氮肥，液氨也可作冷冻剂使用。氨作为一种重要的工业原料，可加工得到如下主要产品：尿素、碳酸氢铵、硝酸铵、硫酸铵、氯化铵以及复合肥料等；硝酸、各种含氮的无机盐；三硝基甲苯、三硝基苯酚、硝化甘油、硝化纤维等多种炸药以及生产导弹、火箭的推进剂和氧化剂；含氮中间体、磺胺类药物、氨基

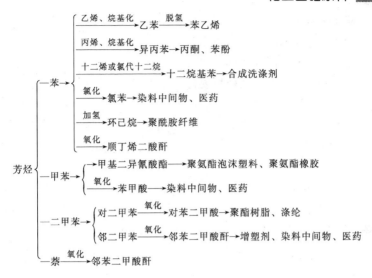

图 1-14　芳烃系列主要产品

塑料、聚酰胺纤维、丁腈橡胶等。

（2）氯碱工业产品　氯碱工业联产的主产品是烧碱和氯气，同时副产氢气。作为基本化工原料的"三酸两碱"，氯碱工业的盐酸和烧碱占其中的两种，此外氯和氢还可进一步加工成许多化工产品。氯碱工业及其主要产品有：

① 烧碱　一种用途很广的化工产品，可用来生产肥皂和洗涤剂等；

② 液氯　可用于水的消毒，氯气可用来生产漂白、消毒用的无机氯产品（次氯酸钠、次氯酸钙）、有机氯农药（如速灭威、含氯菊酯等）、有机氯产品（聚氯乙烯、1,1,1-三氯乙烷、二氯乙烷、三氯甲烷、环氧氯丙烷、氯丁橡胶、氟氯烃等）；

③ 氢气　除用于合成 HCl 制盐酸和生产聚氯乙烯外，还可用于各种加氢反应，生产硬化油、过氧化氢、二胺基甲苯以及炼钨、生产多晶硅等金属氧化物还原过程。

（3）无机酸和无机盐　在基本化学过程中产量最大、用途最广的无机酸是硫酸、硝酸和盐酸，我国的硫酸产量最大，硝酸次之。

无机盐是一类产品众多、服务面广泛的原料行业，世界上无机盐的品种多达 4000 多种，国内经常生产的只有 400～500 种。无机酸和无机盐的主要产品有：

① 硫酸 本身是一种重要的化学试剂，可直接用来生产化学肥料（如硫酸铵、硫酸钾等）；

② 硝酸 是一种强氧化剂，可用于生产化学肥料（硝酸铵、硝酸钾、硝酸钙等），在有机合成中引入硝基制取三硝基甲苯、苦味酸、硝化纤维、硝化甘油，还可以用于生产苯胺、邻苯二甲酸以及塑料、聚酰胺纤维、磺胺药物等产品；

③ 盐酸 是一种强酸，可与硝酸配制成"王水"，并用于生产金属氯化物（如氯化锌）等；

④ 无机盐 常用的基本无机盐产品如氯化钡、碳酸钡、硼酸、硼砂、溴素、轻质碳酸钙、碳酸钾、无水三氯化铝、氯酸钾、三氧化铬、重铬酸钠、氰化钠、无水氟化氢、碘、轻质氧化镁、高锰酸钾、二氧化锰、亚硝酸钠、硝酸钠、黄磷、三聚磷酸钠、硅酸钠、二硫化磷、硫化钠、硫酸铝、连二亚硫酸钠、过氧化氢、氢氧化钾等。

（4）化学肥料 按其所含主要养分可分为氮肥、磷肥、钾肥、复合肥、微量元素五大类，主要产品有：氮肥硝酸铵、尿素、碳酸氢铵、氯化铵、氨水；磷肥过磷酸钙、重过磷酸钙、富过磷酸钙、钙镁磷肥、脱氟磷肥、钢渣磷肥、沉淀磷酸钙、偏磷酸钙、磷矿粉；钾肥氯化钾、硫酸钾、窑灰钾肥；复合（混合）肥磷酸铵、硫磷铵、尿素磷铵、硝酸磷肥、硝酸钾、偏磷酸钾、钾氮混肥、氮磷钾三元复合肥料、液体混肥；微量元素硼、铜、锰、锌、钼等很多种类。

1.8.3 合成高分子化工主要产品

（1）塑料 以合成或天然高分子化合物为基本成分，在加工过程中辅以填料、增塑剂、颜料、稳定剂等助剂塑制成型，而产品最后能保持形状不变的材料。塑料有几十个品种，按实际应用情况和塑料性能特点可分为通用塑料、工程塑料和耐高温塑料三类，主要产品有：通用塑料聚氯乙烯、聚烯烃、聚苯乙烯及其共聚物、酚醛塑料、氨基塑料；工程塑料聚酰胺塑料、聚碳酸酯、聚甲醛、聚二甲基苯醚、氯化聚醚、聚砜、聚邻（间）苯二甲酸二烯丙酯、聚酯树脂；耐高温塑料及其他含氟塑料、硅树脂、耐高温芳杂环聚合物、环氧树脂、不饱和聚酯、有机玻璃（聚甲基丙烯酸甲酯）、聚氨酯、离子交换树脂。

（2）合成纤维 化学纤维中的一类，是以合成高分子化合物为原料制得的化学纤维的总称。与人造纤维相比，一般强度较好，吸湿率较小，染色较难。按其用途和性能分为通用型合成纤维和特种合成纤维两大类，主要产品有：通用型合成纤维锦纶（聚酰胺纤维，如尼龙6、尼龙66）、涤纶（聚酯纤维，如聚对苯二甲酸乙二醇酯纤维）、腈纶（聚丙烯腈纤维）、维纶（聚乙烯醇缩甲醛纤维）、丙纶（聚丙烯纤维）、氯纶（聚氯乙烯纤维）；特种合成纤维复合材料用的增强纤维（碳纤维、对苯二甲酰对苯二胺纤维、芳酰胺共聚纤维、聚四氟乙烯纤维、聚酰亚胺纤维）、光导纤维（氟化有机玻璃）、中空纤维（聚砜中空纤维、聚碳酸酯和有机硅氧烷嵌段共聚物、乙烯和醋酸乙烯共聚物）、吸附用纤维（活性炭纤维、离子交换树脂纤维等）。

（3）合成橡胶 又称人造橡胶，人工合成的高弹性聚合物，也称合成弹性体。其性能因单体不同而异，少数品种的性能与天然橡胶相似，某些合成橡胶具有较天然橡胶优良的耐温、耐磨、耐老化、耐腐蚀或耐油等性能。按其性能和用途分为通用型合成橡胶和特种合成橡胶两大类，主要产品有通用型合成橡胶：丁苯橡胶、顺丁橡胶、异戊橡胶、氯丁橡胶、丁基橡胶、乙丙橡胶等；特种合成橡胶：丁腈橡胶、硅橡胶、氟橡胶、聚硫橡胶、聚亚氨基甲酸酯橡胶等。

（4）功能高分子材料 指在受到外部化学或物理的作用下，由于聚合物本体结构上的特性，表现出具有优异的诸如导电、发光、分离、催化、生物等功能变化的高分子聚合物。这些功能不仅可定性，而且可以用仪表计量、定量。根据目前情况，功能高分子材料大致分为五类：导电特性高分子材料，如导电高分子材料（聚乙炔、聚甲基乙炔等）、光电彩色显示材料（花青稀土金属盐类化合物）；光功能金属材料，如光加工材料（如阴极线光刻胶正型胶基础原料是聚氧乙烯丙烯酸酯系列化合物、负型胶基本原料是有机玻璃系的化合物）、光导材料（聚苯乙烯、有机玻璃等）、光记录材料（澳化银、Y-磁粉）；分离功能高分子材料，如离子交换膜、透析膜、超过滤膜、逆渗透膜、超精密过滤膜等（利用醋酸纤维的逆渗透膜可使海水淡化）；催化功能高分子材料，如高分子金属配合物、离子交换树脂、离子交换树脂的金属盐；生物功能高分子材料，如软组织用高分子材料（如人工肺的材料是间苯二甲酸、对苯二酸、戊二醇和四甲氧基乙二醇的四元共聚物）、硬组织用高分子材料（如人工骨骼是将多亚芳基聚砜树脂附于不锈钢骨架上使用的）。

1.8.4　精细化工主要产品

精细化工是化学工业在国民经济各行各业的应用开发中逐渐形成的新门类，精细化工产品占化学工业产值的比重表明化工原料的加工深度和服务面的广度。工业发达国家的精细化工产品产值约占全部化学工业产值的 50%～60%。我国在精细化工产品范围的暂行规定中，将其按目前情况分为 11 大类，即农药、染料、涂料（包括油漆和油墨）和颜料、试剂和高纯物、信息用化学品（包括感光材料、磁性材料等接受电磁波的化学品）、食品和饲料添加剂、黏合剂、催化剂和各种助剂、化工系统生产的化学药品（原料药）、化工系统的日用化学品、高分子聚合物中的功能高分子材料（包括功能膜、偏光材料等）。

在催化剂和各种助剂中，又按实际情况分为 20 个分类：催化剂、印染助剂、塑料助剂、橡胶助剂、水处理剂、纤维抽丝用油剂、有机抽提剂、高分子聚合物添加剂、表面活性剂（不包括洗涤剂）、皮革助剂、农药用助剂、油田用化学品、混凝土添加剂、机械和冶金用助剂、油品添加剂、炭黑（橡胶用补强剂）、吸附剂、电子工业专用化学品（有显像管用碳酸钾、石墨乳、焊接材料等，不包括光刻胶、掺杂物、MOS 试剂等高纯物和高纯气体）、纸张用添加剂、其他助剂。

1. 什么是化学工业？化学工业和其他工业的区别是什么？举例说明。

2. 石油化工利用的主要途径有哪些？

3. 天然气化工利用的主要途径有哪些？

4. 煤化工利用的主要途径有哪些？

5. 生物质分为哪几类？通过化工利用可以得到哪些重要的化工基本原料和产品？

6. 常见的矿物质化工利用可以得到哪些化工基本原料和产品？

7. 石油和天然气作为化工基础原料的优点是什么？

8. 煤作为化工基础原料的优、劣势是什么？

9. 通常说的三大合成材料指什么？它们的区别是什么？

第 2 章

化工生产过程管理

培训目标

1. 了解化工生产作业计划的内容；了解产品质量管理的内容；了解设备管理的主要内容，了解安全管理的主要内容。

2. 明确化工企业生产的特点；明确化工生产工艺技术规程、安全技术规程、岗位操作法的意义；明确化工安全管理的基本原则；明确化工生产效果评价的基本指标生产能力、生产强度、转化率、产率、消耗定额的含义；明确降低消耗定额的主要措施。

2.1 化工生产管理

化工企业的生产管理主要是指生产活动的计划、组织和控制工作，即对生产全过程的综合系统管理。化工企业管理的目的就是通过对生产全过程的计划、组织和控制，以实现生产的预期目标。生产管理在化工企业中起着极其重要的作用，是企业管理最主要的组成部分。通过抓好生产管理，可以合理地组织生产活动，充分利用企业资源，有效控制生产过程，提高生产效率，保证产品质量，保证产品生产周期，降低产品成本，顺利地完成企业生产任务。

2.1.1 化工企业生产特点

化工企业生产与其他行业企业生产相比，主要有以下特点。

（1）多样性和复杂性　化工生产的多样性、复杂性主要体现在原料途径、生产方法和产品上。化学工业可以从不同的原料路线出发生产同一产品，也可以用同一原料通过不同的方法或在不同的条件下生产出许多不同的产品，或用同一种原料采用不同的方法或路线生产同一种产品。因此可以说化工生产是一个具有多功能的灵活性很强的生产。

（2）技术密集型和综合性　由于化工生产的复杂性，必须进行多学科合作，集中多种专业技术人员，除了化工工艺的工程技术人员外，还要有电气、仪表、机械设备、工业分析等各学科人员，为了不断改进生产过程，提高生产效率，化工企业还要有自己的科研队伍和技术情报机构。因此，化工企业要想保持正常发展，必须要引进各类高技术人才和现代化管理人才。

（3）高消耗，综合开发潜力大　现代化工生产主要以石油、煤、天然气为基础原料，同时也以它们为生产过程的主要能源。因此，化学工业是资源消耗大户之一。如何降低能源消耗，实现元素循环综合利用，是化学工业发展的重要课题，也是可持续发展的必然要求。由于化学反应的特殊性，从理论上可能实现元素的多次循环综合利用，因此，化工生产综合开发的潜力很大。

（4）污染大，有效治理难度大　化学工业的原料、产品及中间产物和副产物很多都是有毒物质。由于生产过程中反应的复杂性，生产过程中排放的"三废"种类繁多，如果任其排放，会造成严重的环境污染，威胁人身健康和破坏生态平衡。化工过程"三废"的排放和产品使用过程中以及使用后可能产生的污染，给有效治理带来了很大的困难，已经成为制约化工发展的一个严峻的问题。

（5）危险大，安全生产要求高　由于化工原料、产品及中间产物和副产物大都具有易燃、易爆、易中毒、易腐蚀等特性，化工生产过程有很多是在高温、高压条件下进行，工艺流程复杂，因此不安全因素很多，一旦出现操作失误或管理不当，就很容易发生事故，造成重大损失。为了保证化工生产正常进行，必须严格安全管理。

2.1.2　化工生产管理

企业内部以生产为中心进行的各项管理活动，任务是对企业日常生产活动进行计划、组织、协调和控制，以实现产品的产量和进度为目标的管理。即组织企业能够稳定地进行生产，对各项生产活动进行科学的安排，保证生产能有计划地按期、按质、按量完成，同时保证不断提高生产效率，降低生产消耗，增加生产效益。

生产管理的主要内容有新产品开发、生产技术准备、生产过程组织、生产计划制定、劳动定额、劳动组织、生产作业计划、生产调度与作业统计、设备维修、质量检验、物资与库存管理等。

无论是大型的化工企业，还是中、小型化工厂，为实现正常管理，保证生产能够正常进行，一般都要设置必要的生产车间、辅助车间以及担负各种任务的职能部门。

（1）工艺生产车间　由若干工段和生产岗位组成，通过一定的生产程序完成从原料到产品的生产任务。生产车间的管理任务主要是通过对生产程序中操作条件的控制和生产人员的管理，保质保量地完成计划的生产任务。

（2）生产辅助车间　指为保证生产车间的生产设备、控制系统正常使用而配备的维护、维修及动力部门。生产辅助车间一般包括：

① 动力车间　任务是为企业生产系统和生活系统提供所有的公用工程，包括生产生活用电、加热升温的热源（如各种压力的蒸汽、燃油、燃气）、降温的冷源（如循环冷却水、冷冻盐水）、生产生活用水（如工艺用纯水、软水、自来水、深井水）、各种气源（如仪表用空气、压缩空气、保安氮气）等；

② 机修车间　任务是保证所有生产车间的生产设备随时处于可正常使用的完好状态，包括对设备运行情况进行必要的巡回检查、必要的维护以及按计划进行的检修，避免因设备损坏而造成生产事故；

③ 仪表车间　任务是保证生产过程中各种控制系统的正常运行，包括对仪器仪表及电脑等控制系统的巡回检查、日常维护保养、运行故障维修等，避免因控制系统故障而出现生产事故。

（3）职能管理部门　指为保证企业各项工作正常进行而设立的完成各种管理任务，行使管理职权的部门。一般化工企业的职能管理部门包括：

① 生产技术部门　负责全厂生产的组织、计划、管理，一般通过调度室协调全厂生产及其他部门的关系，保证生产正常进行，并通过工艺技术组负责全厂工艺技术管理工作，定期对全厂的物料及工艺进行核算；

② 质量检查部门　负责全厂原料、中间产品、目的产品的重要指标的质量分析，并提供分析检验结果，作为调整工艺参数和加强生产过程控制管理的依据，并严格控制合格产品出厂的标准，防止不合格产品流向市场，造成不良后果；

③ 机械动力部门　负责全厂化工机器、化工设备的统一管理，建立机器设备及其运行情况的档案，定期提出设备维修及更新的计划，并负责监督执行；

④ 安全部门　负责贯彻执行安全管理规程，进行日常的安全巡回检查，及时发现不安全隐患，并协同有关部门采取相应的措施，杜绝事故的发生，保证安全生产，同时还要负责对企业职工及

一切进入生产现场的人员进行必要的安全教育，并监督企业内各车间部门安全措施的落实情况；

⑤ 环境保护部门 负责监测生产过程排放的所有废物必须符合国家规定的排放标准，同时监督和组织有关部门进行物料的回收和综合利用，对可能产生的污染进行治理，保护大环境；

⑥ 供应及销售部门 负责全厂所有原材料的采购以及产品和副产品的销售。

2.1.3 化工生产工艺管理

化工生产工艺管理是指化工企业日常活动中的工艺组织管理工作。工艺管理是生产技术管理的一部分，其任务是稳定工艺操作指标，通过不断进行新技术改造，实现生产过程的最优化。化工生产过程的工艺管理工作主要由生产技术部门和生产车间的工艺技术人员共同实施完成。

工艺管理的内容主要有两个：一是贯彻执行工艺文件，二是对生产工艺进行整顿和技术改造。

（1）工艺文件的贯彻执行 坚决贯彻执行各项工艺文件，是生产安全有序进行、产品合格、完成生产任务的直接保证。

工艺管理应贯彻的主要工艺文件包括以下内容。

① 生产工艺技术规程 生产工艺技术规程是各项工艺文件的重点和核心，是各级生产指挥人员、技术人员和操作人员实施生产共同的技术依据。生产工艺规程是用文字、表格和图示等将产品、原料、工艺过程、化工设备、工艺指标、安全技术要求等主要内容进行具体的规定和说明，是一个综合性的技术文件，对本企业具有法规作用。每一个企业、每一个产品的生产都应当制定相应的生产工艺技术规程。

② 安全技术规程 安全技术规程是根据产品生产过程中所涉及物料的易燃、易爆、有毒等性质以及生产过程中的不安全因素，对有关物料的贮存、运输、使用，对生产过程中的电气、仪表、设备应有的安全装置，对现场人员应具备的安全措施等作出的严格规定，以保证安全生产。安全技术规程是所有人员进入生产现场共同

遵守的制度。

③ 岗位操作法　岗位操作法是根据目的产品的生产过程的工艺原理、工艺控制指标和实际生产经验编写而成的生产各岗位的操作方法和要求。其中对工艺生产过程的开、停车步骤，维持正常生产的方法及工艺流程中每一个设备、每一项操作，都要明确规定具体的操作步骤和要领。对生产过程中可能出现的事故隐患、原因、处理方法都要一一列举。工艺操作人员必须严格按照岗位操作法进行操作，确保安全正常地完成生产任务。

④ 生产控制分析化验规程　生产控制分析化验规程是分析人员进行原材料、中间产品及产品进行质量检验分析的依据，对物料分析标准、采样点和时间及分析方法都做出了详细的规定和要求。严格执行生产控制分析化验规程是保证出厂产品合格的重要环节。

⑤ 操作事故管理制度　事故管理是企业安全管理的一个方面。加强事故管理，分析事故原因，摸索事故规律，抓住事故重点，吸取事故教训，采取有的放矢的措施，消除存在的各种隐患，防止事故的发生，无疑是企业安全管理的一个重要环节。加强事故管理的最终目的是变事后处理为事前预防，杜绝事故的发生。

（2）工艺过程的优化管理　产品的工艺规程一般是在产品投入生产前，根据科研试验、新产品试制的结果和相关实际生产经验，综合制定出来的。但是一个产品的生产工艺规程并不是一成不变的，可根据实际的需要以及市场变化对产品质量、规格有新的要求，随着生产的发展，新的科学技术的出现，工艺技术规程都应进行必要的补充和修订，使之不断得以优化。

工艺管理工作还应该不断总结生产实践中的经验和教训，集中职工的智慧，从合理化建议中找到改进工艺技术、操作方法的措施。工艺技术人员有责任帮助职工从理论上找到合理化建议的依据，并通过正常的渠道从组织上保证合理化建议得以试验及提高其成功的可能性。若有必要，还可以在修订工艺规程时，补充到有关的工艺文件中去。

为了既能保持工艺规程的相对稳定性，又能及时地将新的科技成果和来自生产实践的经验、技术革新项目等纳入工艺规程，一般都规定工艺规程使用一段时间之后要定期修改，并纳入工艺技术管理内容，形成制度。在特殊情况下，如果由于产品标准、设备、原材料有重大变化，或是很重大的技术革新成果必须及时推广，也可以破例修改工艺规程。

制定和修改工艺技术规程必须按照一定的程序严肃地进行。一般是以生产技术部门（或工艺部门）为主，组织有关车间、有关方面的技术人员共同研讨提出初稿，提供有关车间、工段职工讨论，广泛征求意见，再作补充与修改。经过有关职能部门如有关车间、生产技术、质量检查、设备动力等负责人签字，最后由总工程师和生产技术副厂长审批后方可实施。重大工艺路线的变更，还必须按规定报请主管部门审批后才能有效。

生产工艺技术规程一经编制或修订确认以后，即可作为审核、修订上述其他各项工艺文件的依据。此外还有一些如设备维修检查制度、岗位责任制、原始记录制度、岗位交接班制度、巡回检查制度等等一系列技术或管理文件，均可在此基础上逐步健全并贯彻执行。

2.1.4　生产作业计划

生产作业计划是生产计划的具体执行计划，即把企业的年度、季度生产计划中规定的生产任务具体分配到各车间、工段、班组乃至每一个人，规定他们月、周、日乃至每小时的任务，并按日历顺序安排生产进度。生产作业计划是企业联系生产环节、组织日常生产活动、建立正常生产秩序、保证均衡生产、取得良好经济效益的重要手段，是加强对生产计划指导、落实企业内部经济责任制的重要依据。

（1）生产作业计划的内容　　化工企业生产作业计划的内容如下。

① 产品和中间产品的产量分布计划。

② 辅助车间的生产辅助计划。

③ 设备检修计划。

④ 主要原材料的需求量和供应计划。

⑤ 完成生产计划的措施。

（2）生产作业计划的任务　化工企业生产作业计划的任务如下。

① 将企业年度或季度生产计划任务，按月、旬、周、日具体安排到车间、工段、班组、岗位乃至个人，并对生产的进度和产品的产量、质量、品种等指标提出具体要求。

② 规定生产环节之间的联系和衔接办法，把各种因素紧密地结合起来，使生产过程各项比例配合适当，保证生产有节奏地、均衡地进行。

③ 明确职能部门执行作业计划的职责，保证生产在各方紧密协作下顺利进行。

2.1.5　产品质量管理

产品质量是指产品适应社会和人们需要所必须具备的特征。它包括产品的结构、性能、精度、纯度、力学物理性能、化学成分等内在质量特性，还包括外观、形状、手感、色泽、气味等外部质量特性。一般情况下，工业产品的质量特性可以分为性能、寿命、可靠性、安全性、经济性等5个方面。

① 性能　指产品满足使用目的应该具备的技术特性。

② 寿命　指产品能够使用的时间期限。

③ 可靠性　指产品在规定的时间和规定的条件下完成规定的工作任务的能力。

④ 安全性　指产品在使用过程中保证安全的程度。

⑤ 经济性　指产品的制造成本、使用成本等。

在上述5个方面的质量特性中，性能是最基本的也是最主要的。

产品质量管理主要是指在生产过程中，针对产品的质量特性进行管理的过程。产品质量管理主要包括制订产品质量标准和做好产品质量检验两方面的工作。

（1）制订产品质量标准　产品质量标准是产品质量特性应达到

的要求，是产品生产和质量检验的技术依据。

按颁发单位和适用范围不同，产品质量标准分为国家标准、行业标准、企业标准。

产品质量标准是衡量产品是否合格的尺度。因此在制订产品质量标准时，必须充分考虑产品的使用要求，合理利用国家资源，做到技术先进、经济合理。在生产过程中把产品质量放在第一位，要为使用者负责。在制订标准时应注意，并不是说产品质量标准越高越好、越先进越好，更不是产品售价越高越好，而是要尽量追求物美价廉、适销对路。

（2）产品质量检验　又称质量技术检验，是采取一定的检验测试手段和检查方法测定产品的质量特性，并把测定结果与制订的质量标准进行比较，对产品做出合格或不合格的判断。

质量检验是监督检查产品质量的重要手段，是整个生产过程中不可缺少的重要环节。加强质量检验，严把质量关，保证不合格的原材料不投产，不合格的中间产品不转工序，不合格的产品不出厂。质量检验和反映质量状况的数据质量资料，为测定和分析工序能力、监督工艺过程、改进质量提供信息。

2.1.6　设备管理

机器设备是现代化生产的物质技术基础，是企业固定资产的重要组成部分。设备管理是对设备的选择评价、维护修理、改造更新和报废处理全过程的管理工作。

设备管理是工业企业管理的一个重要方面，是生产管理的一项重要内容，是现场管理的重要环节。加强设备管理，及时维护保养，使设备处于最佳状态，对于保持正常的生产秩序，保证稳定生产，降低产品制造成本，提高企业经济效益有着重要的意义。

保证设备完好率是设备管理的重要指标，也是设备管理的目的。设备管理的主要内容包括设备的使用、设备的维护保养、设备日常管理、设备计划检修、设备事故处理、设备更新等。

（1）设备的使用　设备的合理使用是设备管理中的重要环节。保证设备合理使用应做到如下几个方面。

① 科学安排生产负荷，严禁设备超负荷运转，禁止精机粗用。

② 配置合格的设备操作人员，实行持证上岗使用制度。

③ 操作中严格控制各项工艺指标，安全操作。

④ 创造良好的工作条件，注意防腐、保温、防潮等设施设置。

⑤ 建立健全设备使用管理规章制度，并严格执行。

（2）设备的维护保养　是设备管理中不可缺少的环节，对于保证设备正常高效运转具有重要意义。按工作量的大小，设备维护保养可分为以下几个方面。

① 日常保养　重点是进行清洗、润滑，紧固易松动的螺钉，检查零部件的状况，是一种经常性的不占工时的维护保养。

② 一级保养　除普遍地进行清洗、紧固、润滑和检查外，还要部分地进行检修。

③ 二级保养　主要是进行设备内部清洗、润滑、局部接替检查和调整。

④ 三级保养　对设备主体部分进行解体检查和调整，同时更换一些磨损零件，并对主要零部件的磨损状况进行测量、鉴定。

（3）设备计划检修　是以预防为主的有计划的设备修理制度。设备的计划检修，根据间隔期的长短和工作量的大小可分为以下几种。

① 大修　指机器设备在长期使用后，为了恢复其原有的精度、性能和生产效率而进行的全面检修。大修需要对设备进行全部拆卸、更换和修复所有已磨损及腐蚀的零部件。大修后必须进行试运行。

② 中修　指对设备进行部分解体、修理或更换部分主要零部件与基准件，或检修使用期限接近检修期限的零部件。中修后也应进行试运行。

③ 小修　指对设备进行局部检修，清洗、更换和修复少量容易磨损和腐蚀较小的零部件并调整机构，以保证设备能使用至下一次检修。

④ 系统大检修　指对整个系统（装置）停车进行检修。由于

工作量大、涉及面广，全系统停车前必须做好检修计划，进行充分的准备和安排，做到有计划、有步骤地完成检修任务，保证检修效果。

（4）设备事故处理　当设备发生意外事故无法控制时，应及时报告，并注意保护现场。对各种设备事故，应本着认真负责的态度，坚持"三不放过"原则，即事故原因不清不放过，事故责任人没有受到教育不放过，防范措施不落实不放过，不仅是事故得到彻底解决，更要使职工受到安全教育。

（5）设备更新　包括设备改造和设备更换，主要是更换。设备更新分为两类。

① 原型更换　即用同型号的新设备代替原有的已经磨损、陈旧或损坏的老设备。原型更换解决的是物理磨损问题。

② 技术更新　指用技术上更加先进、经济上更加合理的设备替代原有的设备。技术更新不仅解决了物理磨损问题，同时还解决了经济磨损问题，在技术飞速发展的今天，设备更新应该主要在技术更新上做文章。

2.2　化工生产效果评价

在化工生产过程中，要想获得好的生产效果，应做到四点：一是提高产品产量；二是提高产品质量；三是提高原料的利用率；四是降低生产过程的能量消耗。而化学反应效果的好坏直接关系到上述几个方面。

2.2.1　生产能力和生产强度

（1）生产能力　指一定时间内直接参与企业生产过程的固定资产，在一定的工艺组织管理及技术条件下，所能生产规定等级的产品或加工处理一定数量原材料的能力。一般有两种表示方法：一是产品产量；二是原料处理量（加工能力）。

生产能力通常分为三种。

① 设计能力　是指在设计任务书和技术文件中所规定的生产

能力，根据工厂设计中规定的产品方案和各种设计数据确定。设计能力一般用于编制企业长远规划的依据。

② 查定能力　一般老企业在没有设计能力数据，或虽原有设计能力，但由于企业的产品方案和组织管理、技术条件更新发生了重大变化，致使原设计能力已不能反映企业实际能力可达到的水平，此时就需要重新调整和核定生产能力。这个重新调整和核定后的生产能力就称为查定能力。查定能力是根据企业现有条件，并考虑到查定期内可能实现的各种技术组织措施而确定的。

③ 现有能力　又称计划能力，指在计划年度内，依据现有生产技术组织条件及计划年度内能够实现的实际生产效果按计划期内产品方案计算确定的生产能力。现有能力是编制年度生产计划的重要依据。

（2）生产强度　指设备的单位容积或单位面积（或底面积）在单位时间内得到的产物的数量。提高设备生产强度，可以实现用同一套设备生产出更多的产品，进而提高设备的生产能力。

化工生产过程目的产品产量的大小是生产效益很重要的一个方面，一套装置能否发挥潜力，达到最大的生产能力，和很多方面的因素有关，有设备的因素、人为的因素和化学反应进行的状况等。

设备因素主要是关键设备的大小和设备结构是否合理以及设备的套数。每一台设备的生产能力都比较大，能发挥比较好的效果，总的生产能力就能提高。另一个重要的因素是在整个流程中，各个设备的生产能力相互之间是否匹配也很关键，否则关键设备中只要有一个生产能力跟不上（辅助设备也应该能满足生产能力的要求），其他设备的生产能力也将受到限制，而使企业生产能力降低。

人为的因素主要是指生产技术的组织管理水平和操作人员的操作水平。生产管理水平高一些，对生产过程的调配、协调能力就强一些，生产能够持续平稳、正常地进行。在连续生产中，只要因某种事故开、停车一次，不仅物料浪费很大，也浪费了时间，产量必将受到很大的影响，因而只有在不得已的情况下才能作出停车的决定（计划之内的大、小检修属正常范围）。技术管理搞得好，生产能够保持在最佳的条件下进行，而且还能不断改进工艺，提高产量。操作人员的操作水平主要体现在能按管理部门提出的工艺指标进行平稳的操作，以及及时发现生产中出现的事故隐患，并通过正确的处理，防止事故的发生。平稳的操作不仅指各种参数控制在适宜范围之内，而且指参数的变化小和缓慢，这样才能保证产品质量稳定，催化剂也才能发挥最好的效果。

化学反应是化工生产的核心，因此化学反应效果的好坏直接影响生产能力的大小。反应效果好则单程转化率高，选择性高，单程收率才能提高，不仅经济而且产量可望提高。要得到好的反应效果，对反应步骤的温度、压力、停留时间及原料配比的控制就很关键。而影响生产能力，提高产量更关键的一环是如何提高化学反应速度，尤其是如何采取措施提高主反应的反应速度。主反应速度提高就能在设备等其他条件不变的情况下，最有效地提高生产能力。

2.2.2 转化率

转化率是指化学反应体系中，参加化学反应的某种原料量占通入反应体系中该种原料总量的百分数。转化率数值的大小说明该种物料在反应过程中转化的程度，转化率越大，说明该种原料中参加反应的量越多。一般情况下，通入系统的每一种原料都不大可能全部参加化学反应，也就是说，转化率通常应该是小于100%。

在化工生产过程中，往往希望物料有比较高的转化率，但是一般情况下，大多数反应过程由于受反应本身的能力或催化剂性能及其他条件的限制，原料通过反应器时的转化率往往不可能很高，为了提高原料的利用程度，就需要把未参加反应的原料从反应后的混合物中分离出来循环使用。

选择不同的反应体系范围，转化率有不同的表现形式。

（1）单程转化率　以反应器为研究对象，参加化学反应的某种原料量占通入反应器中该种原料总量的百分数，称为单程转化率。

（2）总转化率　以包括循环系统在内的反应器和分离器的反应体系为研究对象，参加化学反应的某种原料量占通入反应体系中该种原料总量的百分数，称为总转化率。

例如：A＋B＝C反应过程，通入原料A的量为100kg，经正常反应，分析出反应后混合物中还剩A的量为75kg。那么可以很容易算出原料A的转化率，也就是单程转化率为25％。这个转化率很显然不是我们所希望的。为了提高A的利用率，可以采取分离反应后混合的方法循环利用A物料。如图2-1所示，在设立了一个分离器后，在分离后的产物混合物中，分析出还有A物料5kg，也就是说，未反应的75kg原料A有70kg返回了反应器再次进行反应。

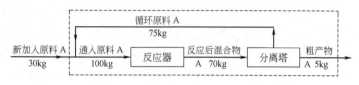

图 2-1　原料 A 的循环过程示意

以反应器为反应体系，已经计算出原料A的转化率及单程转化率为25％。

若以反应器和分离器为反应体系（如图中虚线框），通入原料A的量为30kg，随粗产物出去的原料A的量为5kg，我们可以理解为在这一体系中反应了A的量为25kg，那么这一体系A的转化率即原料A的总转化率为83.33％。

可以明显地看出，在进行了循环利用后，在反应器中进行的反应过程并没有变化，转化率依然是25％，但经循环后，原料的总转化率提高到了83.33％，原料A的利用率大大提高了。

因此，在实际生产中，采取物料的循环，是提高原料利用率的一个有效方法。尤其对低单程转化率反应过程，采用循环的方法，是提高原料利用率最主要的方法。

（3）平衡转化率　指某一化学反应到达平衡状态时，转化为产物的某种原料占该种原料量的百分数。它是在一定条件下，某种原料参加某一化学反应的最高转化率。由于一般的化学反应要达到平衡状态都需要相当长的时间，因此，在实际生产过程中并不追求达到最高转化率。

平衡转化率作为一个理论值，虽然不能反映实际生产过程中反应的效果，但是由于它表示了一定条件下的最高转化率，因此，这一理论值可以作为一个参考标准，和实际单程转化率数值进行比较，通过它们之间的差距，可以帮助我们认识实际反应的转化情况，看到反应的差距和潜力，作为提高实际转化率，改进生产过程与条件的依据。

（4）实际转化率　是在化学反应体系中，某一种原料在一定条件下参加各种主、副反应总的转化效果。也就是说，实际转化率反映的是体系中某一原料参加所有反应的情况，没有也不能说明原料参加主反应的情况，即转化率不能说明原料的有效利用程度，而我们往往更关心原料对于目的产物的转化程度。因此，用转化率衡量反应效果是有一定局限性的。

2.2.3　产率和收率

产率也称收率，指的是化学反应过程中得到目的产品的百分数。常用的产率指标为理论产率。理论产率是以产品的理论产量为基础来计算的产率，即化学反应过程中所得目的产品量占理论产量的百分数。

产率的表示有两种：产率（选择性）单程收率和总收率。

① 产率（选择性）　即以反应原料计算的产率，表示的是参加主反应生成目的产物所消耗的某种原料量占参加所有反应的该种原料量的百分数。产率（选择性）高，说明原料的利用率高，消耗低。

$$产率（选择性）= \frac{目的产物的实际产量}{以反应原料计算的目的产物的理论产量} \times 100\%$$

$$= \frac{生产目的产物消耗的某种原料量}{参加反应的该种原料量} \times 100\%$$

② 单程收率　即以通入原料计算的产率，表示的是参加主反应生成目的产物所消耗的某种原料量占通入反应器的该种原料量的百分数。单程收率高，说明单位时间得到的目的产物的产量大，即设备的生产能力高。

$$单程收率 = \frac{目的产物的实际产量}{以通入反应器原料计算的目的产物的理论产量} \times 100\%$$

$$= \frac{生产目的产物消耗的某种原料量}{通入反应器的该种原料量} \times 100\%$$

③ 总收率　指以包括循环系统在内的反应器和分离器的反应体系为研究对象，以通入系统新鲜原料计算的产率。

$$总收率 = \frac{目的产物的实际产量}{以通入系统新鲜原料计算的目的产物的理论产量} \times 100\%$$

$$= \frac{生产目的产物消耗的某种原料量}{通入系统的该种新鲜原料的量} \times 100\%$$

④ 产率（选择性）和单程收率的关系

$$产率(选择性) \times 转化率 = 单程收率$$

在某些生产过程中，由于采用的原料是复杂的混合物，其中的各种成分都有可能转化为目的产物，而各种物料在反应中转化为目的产物的情况又很难确定（比如石油裂解生产有机原料乙烯过程），此时，无法或很难用产率来表示产品的得率。为了表明反应效果，常以反应过程及非反应过程中得到的目的产品的百分数来表示产率。

$$产率 = \frac{目的产物的实际产量}{通入反应器的原料量} \times 100\%$$

2.2.4　消耗定额

所谓消耗定额指的是生产单位产品所消耗的各种原材料、辅助材料及公用工程的量等。

消耗定额越低，生产过程越经济，产品的单位成本越低。但消耗定额有一个最低水平，此时的标准就是最佳状态。

在消耗定额的各个内容中，公用工程和各种辅助材料等的消耗均影响产品成本，但最重要的是原料的消耗定额。降低产品成本，原料是最关键的因素。

（1）原料消耗定额　生产单位产品所消耗的某种原材料的量。

① 理论消耗定额　以描述将初始物料转化为最终产品，按化学方程式的化学计量为基础计算的消耗定额，用 $A_{理}$ 表示。它是

生产单位目的产物必须消耗原料量的最小理论值，换句话说，实际过程的原料消耗量绝不可能低于理论消耗定额。

② 实际消耗定额　在实际生产过程中，由于副反应的发生以及在所有各个环节中免不了会损失一些物料，因此，与理论消耗定额相比，实际过程自然要多消耗一些原料。将副反应发生及其他损失计算在内的消耗定额，称为实际消耗定额，用 $A_实$ 表示。理论消耗定额与实际消耗定额的关系：

$$(A_理/A_实)\times100\%=原料的利用率=1-原料损失率$$

在化工企业的生产管理中，实际消耗定额的数据是根据定期盘点数据计算出来的。实际消耗定额与理论消耗定额进行比较，可以判断生产过程的经济效益。并根据其差距，帮助我们寻找过程的问题与不足，及时进行改进，提高生产过程的经济效益。

(2) 公用工程消耗定额　公用工程指化工厂必不可少的供水、供热、供电、供气和冷冻等条件。

化工生产中的用水有三种：一是生活用水；二是工艺用水（原料用水和产品处理用水）；三是非工艺用水。为了节约工业用水，化工厂应尽可能循环使用冷却水。

化工厂供热是必不可少的，应根据工艺要求和加热方法的不同，正确选择热源，充分利用热能。化工厂使用最广的热载体是饱和水蒸气，具有使用方便、加热均匀、快速和易控制的优点。此外，高温导热油、热源烟道气、电加热等也经常用到。

冷冻也是化工厂常用的手段。常用的载冷剂有四种：低温水（大于等于 5℃）；盐水（NaCl 水溶液 $0\sim-15℃$、$CaCl_2$ 水溶液 $0\sim-45℃$）；有机物（乙醇、乙二醇、丙醇、F-11 等），适用于更低的温度范围；氨。

化工厂供电必须根据化工生产的特点和用电的不同要求进行配送，为了保证安全生产，电气设备及电机等均有防爆和防静电措施，建筑物应有避雷措施。

化工厂的供气主要是指空气和氮气的供给。主要是作原料、吹扫气、保安气、仪表用气等。

化工企业的原材料消耗定额数据是根据理论消耗定额，参考同类型生产工厂的消耗定额数据，考虑本企业生产过程的实际情况，估算出来的。

降低消耗的措施有：选择性能优良的催化剂；工艺参数控制在适宜的范围，减少副反应，提高选择性和生产强度；提高生产技术管理水平，加强设备维修，减少泄漏；加强责任心，减少浪费，防止出现事故。

2.2.5 化学反应效果和化工生产效果的衡量

（1）化学反应效果衡量　转化率和产率都是衡量反应效果的指标，但它们都只能从某一个方面来说明反应进行的情况，均有局限性。

转化率高，说明参加反应的原料多，才有可能生产出更多的目的产物。若此时产率很低，则说明大量原料虽参加了反应，但却只有很少生成了目的产物，原料大大浪费了。

产率高，说明发生的副反应少。若此时转化率很低，说明参加反应的原料很少，不可能得到更多的目的产物。

因此，衡量一个反应效果的好坏，不能单凭某一指标片面确定，应综合转化率和产率两方面的因素综合评定。

转化率高，产率高，说明参加反应的原料多且参加主反应的原料多，这种情况的反应效果好。

转化率低，产率高，说明参加反应的原料少，但大多参加了主反应，这种情况反应效果不好。但是，由于这种情况原料的消耗不高，因此，可以通过原料循环提高原料的总转化率。当然，大量物料循环必然会造成能耗增大，成本提高，同时也会增加物料的损失。这种情况在实际生产过程中很多。

转化率高，产率低，说明参加反应的原料很多，但大多没有生成目的产物而变成了副产物，这种情况原料的消耗很高，反应效果最不好。在实际生产过程中，要努力避免这种情况的发生。通常可以采用选用选择性高的催化剂，寻找最佳反应条件的办法，努力提高反应过程的产率，降低原料的消耗。

（2）化工生产效果衡量　衡量化工生产效果的指标有产品的产量、产品的质量、化学反应效果和消耗定额等。

化学反应是化工生产过程的核心，好的化学反应效果是取得好的化工生产效果的主要基础。除此以外，管理好每一个生产环节，减少物料损失，节约能量，也是保证高产、低耗最佳生产效果的重要条件。

1. 化工生产的特点是什么？

2. 化工生产管理的任务是什么？

3. 工艺管理中制定的工艺文件有哪些？制定工艺文件的意义是什么？

4. 生产工艺技术规程指什么？安全工艺规程指什么？

5. 岗位操作法指什么？和工艺技术规程有什么区别？

6. 生产作业计划的内容有哪些？

7. 工业产品的质量特性有哪些？

8. 如何做到设备合理使用？

9. 设备保养分哪几级？保养的重点各是什么？

10. 化工安全管理的原则是什么？

11. 安全教育的目的是什么？任务有哪些？

12. 安全检查的内容有哪些？

13. 什么是生产能力？什么是生产强度？

14. 什么是转化率？什么是产率？原料循环的意义是什么？

15. 什么是消耗定额？降低消耗定额有哪些措施？

16. 如何衡量化学反应效果好坏？

17. 如何衡量化工生产效果好坏？

第 **3** 章

工艺过程分析与组织

1. 了解催化剂性能指标；了解化学反应优化目标；了解工艺流程组织原则和评价方法。

2. 明确影响化学反应速度的主要因素及影响规律；明确催化剂失活原因；明确催化剂使用注意事项；明确化工生产中的主要单元操作过程；明确工艺过程的主要工序。

3. 学会催化剂的正确使用及操作；学会工艺流程图、物料流程图、带控制点工艺流程图的读图。

3.1 化学反应平衡分析

3.1.1 化学反应可能性分析

(1)热力学分析的依据 热力学分析的依据是热力学第二定律，其三种表述是：热不能自动从低温物体传到高温物体；第二类永动机是不存在的；隔离物系中自发过程向着熵增大的方向进行。

(2)热力学分析的目的 判断各种反应进行的可能性；比较同一反应体系中可能发生的几个反应的难易程度；寻找有利于主反应进行，减少副反应发生的工艺条件；了解反应进行的最大限度，以提高反应效果。

(3)热力学分析方法 对于一个反应体系，可以用反应的吉布斯自由能变化值 $\Delta G°$ 来判断反应进行的可能性。

判据：$\Delta G° < 0$ 反应自发进行

$\Delta G° = 0$ 反应达到平衡

$\Delta G° > 0$ 反应不能自发进行

$\Delta G° = (\sum v_i G°_i)_{产物} - (\sum v_i G°_i)_{反应物}$

以上判据并不是绝对的。有时 $\Delta G° > 0$ 反应也能自发进行。氨合成反应是一个典型例子。

3.1.2 反应系统中反应难易程度比较

生产一种化工产品（尤其是有机产品），在生成目的产品的主反应进行的同时，总是有若干个副反应，包括平行反应和连串反应会同时发生，形成一个化学反应系统。了解其中各种化学反应竞争的情况，尤其是主反应和不希望发生的副反应进行的难易程度，以及这些反应进行的有利条件和不利条件，才能结合各个反应的热力学和动力学基础，寻找出相对地有利于主反应进行而不利于副反应进行的工艺条件，并作为工业生产过程工艺条件控制的目标，从而取得良好的反应效果，得到更多的产品。

当 $\Delta G° < 0$ 时，K_p 值为一较大的数值，平衡时产物量大大地超过反应物的量，说明反应向正方向进行的可能性很大（容易

进行)。

反之，$\Delta G° > 0$ 时，K_p 值为一较小的数值，即平衡时产物的量远比反应物为小，说明反应向正方向自发进行的可能性相当小（很难进行）。

在同一化学反应系统中，主、副反应在同一条件下进行，所以可以根据同一条件下，各主、副反应的 $\Delta G°$ 值的大小来判断各反应的难易程度。条件变化，难易程度的差距也会随之变化。

3.1.3 化学反应限度分析

任何化学反应几乎都不能进行到底而存在着平衡关系，平衡状态的组成说明了反应进行的限度。在化工生产中，人们期望知道在一定条件下某反应进行的限度，即平衡时各物质之间的组成关系。平衡转化率和平衡产率是反应进行的最大限度，不同之处：平衡转化率是从原料参加反应的程度说明反应进行的最大限度，而平衡产率是从产品生成的程度来说明反应进行的最大限度。

根据 $$\Delta G° = -RT\ln K_p,$$

当 $\Delta G° < 0$ 时，K_p 值为一较大的数值，K_p 越大，反应进行得越深，反应进行的限度越大。

反之，$\Delta G° > 0$ 时，K_p 值为一较小的数值，$\Delta G°$ 越小，反应进行的限度越大。

3.1.4 化学反应平衡移动分析

化学平衡和一切平衡一样，都只是相对的和暂时的，是有条件的。构成化学平衡的外界条件有温度、压力、系统组成等。当外界条件发生变化时，旧的平衡被破坏，在新的条件下建立新的平衡，此时称为平衡的移动。平衡移动在工业生产中的实际意义是：可以人为地选择适宜的操作条件，使化学反应尽可能向生成物方向移动，即向右移动。

根据律·查德平衡移动原理，"稳定平衡系统所处条件 T、P、C 如发生变化时，则平衡向着削弱或解除这种变化的方向移动。"由此，我们可以通过改变反应条件来达到提高主反应限度的目的或可以通过改变条件削弱副反应的进行。

当外界诸条件发生变化时，化学平衡移动的规律如下。

① 温度升高，反应向吸热方向移动，即吸热反应将导致温度升高的热量吸收掉，从而削弱了外界作用的影响。温度下降，反应向放热方向移动，即放热反应放出的热量补偿了温度的下降。

② 压力升高，反应向分子数减少的方向移动，即向 $\Delta n < 0$ 的方向移动，这样使总压下降而削弱了压力的升高。压力下降，向分子数增加的方向移动，即由于 $\Delta n > 0$ 使总压升高，削弱了压力下降的影响。

③ 反应物浓度升高，反应向"右"移动，由于产物增加而减少了反应物浓度。产物浓度升高，反应向"左"移动，由于逆反应的发生，减少了产物浓度。

总而言之，温度升高有利于吸热反应的进行，温度下降有利于放热反应的进行；压力升高有利于反应向分子数减少的方向进行，压力降低有利于反应向分子数增加的方向进行；提高反应物的浓度有利于反应向生成物的方向进行。

但是，以上仅是定性的热力学条件分析，具体到每个反应时，采用多高的温度、压力和反应物浓度（组成或比例）才能求得理想的平衡产率，可通过热力学的定量计算来寻求适宜的外界条件。而且，由于热力学没有时间概念，只考虑了反应到达平衡的理想状况，没有考虑反应速度，因此，只有当几个反应在热力学上都有可能同时发生，反应都很快时，热力学因素对于这几个反应的相对优势才起决定作用。切实可行的外界条件应结合动力学分析和技术上的可行性并经过生产实践验证才能综合确定。

3.2 工艺过程速度分析

3.2.1 影响化学反应速度因素

工艺过程的速度是影响产量的关键，而过程的速度主要取决于化学反应速度。同一套化工生产装置，如果主反应速度加快若干倍，单位时间内的产量就有可能提高若干倍，这对企业的经济效益无疑是有极大的影响。

热力学分析只涉及化学反应过程的始态和终态，不涉及中间过程，不考虑时间和速度，仅说明过程的可能性及其进行的限度。而化学动力学是研究化学反应的速度和各种外界因素对化学反应速度影响的学科。不同的化学反应，反应速度不相同，同一反应的速度也会因条件的不同而差异很大。例如氢和氧化合成水，$\Delta G° = -239.68\text{kJ/mol}$，数值为负，绝对值也很大，但在常温下却看不见反应，因为反应速度太慢。又如碳氧化为二氧化碳的反应 $\Delta G° = -394.67\text{kJ/mol}$，反应的可能性和程度都相当大，但在常温下该反应的速度太慢，慢得好像反应不会发生一样，但若将煤炭升温到一定高温时，煤在空气中会立刻燃烧，发生剧烈的氧化反应，这就是升温加快了反应速度的结果。

如何变更条件使化学反应速度加快，以满足工业生产规模的要求，这是很值得探讨的问题。动力学分析就是在热力学分析的基础上来探索改变化学反应速度，使化工产品的工业生产具有现实意义。也有一些时候，动力学研究的现实意义在于要尽可能地减慢化学反应速度，以防止某种不希望出现的反应发生，如金属的锈蚀反应以及某些有害物质的生成反应等。

影响反应速度的因素是复杂的，其中有一些是在已有的生产装置中不便调节的，如反应器的结构、形状、材质、一些意外的杂质等。这些因素在生产过程中已确定，除非集生产、科研的经验和成果，在重新设计制造设备时进行改进，以有利于化学反应的进行。另一些因素是在生产过程中，通过工艺参数的调节可以达到改变化学反应速度的目的，如温度、压力、原料浓度和原料在反应区的停留时间等，其中影响最大的是温度。此外，对多数反应速度影响最关键的是对所研究的化学反应能起作用的催化剂。

一般以单位时间内某一种反应物或生成物的浓度改变量表示该反应的速度。

对于基元反应： $bB + dD = gG + hH$

其速度方程可以表示为： $r = -\mathrm{d}c_b/\mathrm{d}t = kc_B^b c_D^d$

从方程式分析，影响速度大小的因素有速度常数 k，反应物浓度 c_B、c_D。

除零级反应外，$c_反$ 增大，反应速度 r 增大，其影响程度由反应级数 $(b+d)$ 决定。

速度常数 k 指的是当反应物浓度皆为 1 时的反应速度。其大小直接显示了反应速度的快慢和反应进行的难易程度。不同的反应，k 值不同；对某一个反应，不同条件下，k 值也不同。

根据阿仑尼乌斯公式（反应比速方程）：

$$k = Ae^{-E/RT}$$

影响 k 的因素有三个：A、T、E。

A 为频率因子，表示分子的碰撞概率。一般用经验常数，不加讨论。

在一般情况下，温度和催化剂对速度的影响最大。

3.2.2　温度对化学反应速度的影响规律

分子运动学说中称只有一小部分分子具有超过分子平均能量的能量。随着分子的碰撞，分子间能量有了交换，使一部分分子活化，这种超过分子平均能量的数值称为活化能。只有活化的分子才能参加反应。温度升高时，分子间碰撞的次数显著增加，而活化的分子数增加得更多。因此升高温度，反应速度加快。阿仑尼乌斯反应比速方程明确表示了温度增加对化学反应速度的影响。

由于化学反应种类繁多，各不相同，因此温度对化学反应速度的影响也是复杂的，反应速度随温度升高而加快只是一般规律，有些特殊化学反应的速度受温度影响的规律是不符合阿仑尼乌斯反应比速方程的。图 3-1 表示了五种反应类型的反应速度随温度改变而变化的情况。

第（1）种类型［如图 3-1(a) 所示］：反应速度随温度的升高而逐渐加快，它们之间呈指数关系，这种类型的化学反应是最常见的，符合阿仑尼乌斯公式。

第（2）种类型［如图 3-1(b) 所示］：反应开始时，反应速度随温度的升高而加快，但影响不是很大，但当温度升高到某一温度

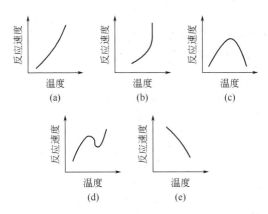

图 3-1　反应速度与温度的关系

时，反应速度突然迅速加快，以"爆炸"速度进行。这类反应属于有爆炸极限的化学反应。

第（3）种类型［如图 3-1(c) 所示］：温度比较低时，反应速度随温度的升高而逐渐加快，但当温度升高到一定数值时，再升高温度，反应速度却反而减慢。酶的催化反应就属于这种类型，因为温度太高和太低都不利于生物酶的活化。还有一些受吸附速度控制的多相催化反应过程，其反应速度随温度的变化而变化的规律亦是如此。

第（4）种类型［如图 3-1(d) 所示］：在温度比较低时，反应速度随温度的升高而加快，符合一般规律。当温度高达一定值时，反应速度随温度的升高反而下降，但若温度继续升高到一定程度，反应速度却又会随温度的升高而加快，而且迅速加快，甚至以燃烧速度进行。这种反应比较特殊，某些碳氢化合物的氧化过程属于此类反应，如煤的燃烧，由于副反应多，使反应复杂化。

第（5）种类型［如图 3-1(e) 所示］：反应速度随温度的升高而下降，如一氧化氮氧化为二氧化氮的反应就是这种少有的特例。

在化工生产中，对第（1）类反应和第（2）、（3）、（4）类反应在比极值（拐点）对应的温度低的温度范围来讨论安全生产和用升高温度的办法来加快化学反应速度都是有意义的。而接近于极值点的温度就应视为过高的温度或不安全的温度。化工生产中应根据这一规律来确定安全生产的适宜温度范围。

3.2.3 催化剂对化学反应速度的影响

在化学动力学中，决定反应在某温度的速度和方向的基本因素是活化能。所以若能降低反应活化能，同样也可使反应速度加快。催化剂的作用即是使反应经过一些中间阶段，每一阶段所需的活化能都比较低，就使每一步的反应速度都比原反应速度快，因而加快了整个反应的速度。因此，催化剂的作用是改变了化学反应的途径，降低了反应的活化能，从而改变了化学反应的速度。

所以化学动力学的重要任务是要研制出各种化工产品所需的高效催化剂，有效地改变化学反应速度。此外，还要根据各个产品反应的具体情况和催化剂的性能来选择适宜的温度等工艺条件。在一个反应体系中，当几个反应在热力学上都有可能同时发生的情况下，如果各个反应的速度相差很悬殊，则动力学因素对其反应结果将起到关键作用。

3.3 工业催化剂

3.3.1 催化剂的作用与特征

（1）催化剂与催化作用　在化学反应体系中，因加入某种少量物质而改变了化学反应速度，这种加入的物质在反应前后的量和化学性质均不发生变化，则该种物质称为催化剂（或触媒），这种作用称为催化作用。催化剂的作用若是加快反应速度的称为正催化作用，减慢反应速度的称为负催化作用。

活化能的数值反映了化学反应速度的相对快慢和温度对反应速度影响程度的大小，催化剂的作用就是改变化学反应的途径，降低反应的活化能，从而加快化学反应的速度。从阿仑尼乌斯反应比速方程可以看出，活化能的改变对于改变反应速度是十分显著的。

在化工产品合成的工业生产上，使用催化剂的目的是加快主反应的速度，减少副反应，使反应定向进行，缓和反应条件，降低对设备的要求，从而提高设备的生产能力和降低产品成本。某些化工产品在理论上是可以合成得到的，但由于没有开发出有效的催化剂，反应速度很慢很慢，以致长期以来不能实现工业化生产。此时，只要研究出该化学反应适宜的催化剂，就能有效地加速化学反应速度，使该产品的工业化生产得以实现。目前，化学工业生产中80％以上的合成反应都要使用催化剂。对已实现工业化生产的反应过程，不断地改进催化剂的性能，提高催化剂的活性、选择性和寿命，是一项很重要的技术研究工作。

（2）催化剂的基本特征　反应活化能降低的原因，是催化剂改变了反应的途径，使反应按照新的途径进行。如图 3-2 所示，简单反应 $A+B \longrightarrow AB$，非催化反应的活化能为 E；催化反应第一步的活化能为 E_1，第二步为 E_2，E_1 和 E_2 的数值均小于 E，一般，$E_1+E_2<E$，此即催化剂加速化学反应的主要原因所在。

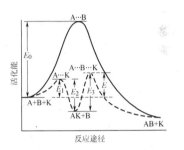

图 3-2　活化能与反应
途径示意图

从图 3-2 可以看出，催化剂的特征如下。

① 参与催化反应，改变反应速度，但反应终了时，催化剂的化学性质和数量都不变。

② 催化剂只能缩短到达平衡的时间，而不能改变平衡状态。催化剂的这一特征告诉我们，在寻找催化剂以前，应进行热力学分析，如果热力学认为不可能的反应，就不必再去浪费精力寻找催化剂了。

③ 催化剂不改变反应物系的始、末状态，当然也不会改变反应热效应。

④ 催化剂对反应的加速作用具有选择性。也就是说，在一个存在有平行反应或连串反应的复杂反应体系中，选用适当的催化剂，可以有选择性地加快某一反应的速度，从而使反应尽可能朝着

我们希望的方向进行，得到更多的目的产物。

（3）催化反应分类 催化反应通常区分为单相（均相）催化反应和多相（非均相）催化反应。

① 单相（均相）催化反应 单相催化反应催化剂和反应物同处于均匀的气相或液相中。均相催化反应中，气相均相催化反应不多。均相催化反应中常见的是液相均相催化反应，该类反应多是酸碱催化（广义的酸碱），利用 H^+ 或 OH^- 的作用，对液相反应物起到加快反应速度的作用。但因无机酸和酸性卤化物具有强腐蚀性，HF 还有较大的毒性，工业上已很少使用，被其他形式的催化剂如分子筛所取代。近年来，具有高活性和高选择性、反应条件也比较缓和的液体催化剂——配合催化剂发展较快，如均相配合催化氧化所用的催化剂是过渡金属的配合物，主要是 Pd 的配合物。

② 多相（非均相）催化反应 多相催化反应的催化剂自成一相，反应在催化剂表面上进行。工业上应用最广的催化反应是非均相催化反应，如气-固相和液-固相，其中又以催化剂为固体而反应物为气体的气-固相催化反应最多，如氨的合成、氯乙烯合成、醋酸乙烯合成、丙烯酸合成等。固体催化剂又经常将催化剂分散在多孔性物质的载体上使用。

化工生产上常用的催化剂是液体催化剂和固体催化剂两种形式，又以使用固体催化剂最为普遍。

3.3.2 液体催化剂的应用

液体催化剂一般是先配制成浓度较高的催化剂溶液，然后按反应需要适宜的用量配比加入到反应体系中，溶解均匀而起到加速化学反应的作用。

例如，乙醛氧化法生产醋酸，反应要求在氧化液体系中催化剂醋酸锰的含量控制在 0.08%～0.12%（质量）为适宜。液体催化剂醋酸锰的配制方法是 60%的醋酸水溶液与固体粉末状碳酸锰按 10:1（质量比）的比例在带有搅拌的配制槽内，维持 95～100℃，使生成醋酸锰的反应充分进行。经反应完全之后，用醋酸或水将催化剂溶液调节到醋酸锰为 80%～12%，醋酸含量为 45%～55%，其余为水，经分析合格即可备用。催化剂溶液用回收的醋酸锰或氧化锰配制也可以。

3.3.3 固体催化剂的构成

（1）固体催化剂的组成 决定工业固体催化剂性能是否优良的主要因素是催化剂本身的化学组成和结构。化学组成确定之后，其制备方法和条件、处理过程和活化条件也是相当重要的因素。哪些物质可以作为催化剂使用是由它本身的物理性质和化学组成决定的，有的物质不需要经过处理就可作为催化剂使用。例如活性炭、某些黏土、高岭土、硅胶和氧化铝等。更多的催化剂是将具有催化能力的活性物质和其他组分配制在一起，经过处理而制备得到的工业催化剂。所以一般固体催化剂可能包括以下组分。

① 活性组分 起催化作用的主要物质，是催化剂的核心，是催化剂不可缺少的组分。

② 助催化剂 本身无催化作用，但可提高催化剂活性、选择性和稳定性的添加剂称为助催化剂。助催化剂的作用是提高催化剂的活性、选择性和稳定性。有的催化剂其活性组分本身性能已很好，也可不必加助催化剂。

③ 抑制剂 抑制副反应发生的物质，可提高催化剂的选择性。

④ 载体 活性组分的支架，是催化剂中最多的组分，可负载活性组分。载体的主要功能是：提高催化剂的机械强度和热传导性（载体一般具有很高的导热性、机械强度、抗震强度等优点），还能减少催化剂的收缩，防止活性组分烧结，从而提高催化剂的热稳定性；增大催化剂的活性、稳定性和选择性（因为载体是多孔性物质，比表面积大，可使催化剂分散性增大，另外载体还能使催化剂的原子和分子极化变形，从而强化催化性能）；降低催化剂的成本，特别是对贵重金属（Pt，Pd，Au 等）催化剂显得更为重要。选择载体应考虑载体本身的性质和使用条件等因素，合理选择。如结构的特征（无定形性、结晶性、化学组成、分散程度等）、表面的物理性质（多孔性、吸附性、机械稳定性）、催化剂载体活化表面的

适应性等。催化剂载体常采用一些天然物质，如硅藻土、沸石、水泥、石棉纤维等。也有用经过处理得到的活性炭，目前不少载体改用合成法制得的二氧化硅（硅胶）和氧化铝（铝胶）等。

（2）固体催化剂的制备方法　即使催化剂的组分完全相同，但如果制备的条件和方法不同，所得的催化剂性质也不尽相同。固体催化剂的制备一般常采用溶解、沉淀、浸渍、洗涤、过滤、干燥、混合、熔融、成型、煅烧、还原、离子交换等单元操作来进行制备。

通常广泛使用的固体催化剂形式有金属催化剂和载体催化剂。

① 金属催化剂　制备具有活性金属催化剂的经典方法首先是用金属盐类、有机酸盐以及由沉淀法制成的氢氧化物和碱性的碳酸盐为原料，在空气或氧气中煅烧成氧化物，再将氧化物还原，还原法一般在氢或一氧化碳气流中控制一定温度条件下进行。经还原得到的活性金属可加工成型为粒状、管状或片状，也有编织成金属网使用的。如乙醇氧化生产乙醛和甲醇氧化生产甲醛所用的银催化剂，采用电解法得到的电解银编织成银丝网使用活性较高。有时为了节省贵重金属耗用量，常用银丝网和沸石银（将银载于沸石载体上）混合使用，也有比较理想的催化效果。

② 载体催化剂　催化剂活性组分和载体的组合方式很多，有机械混合法、沉淀法、浸渍法、离子变换法、共沉淀、液相吸附、喷雾、蒸汽相吸附法等。可根据载体的性质而定，采用浸渍法和离子交换法的比较多。最普通的浸渍法是将一种或几种活性组分载于载体上。通常是将载体与金属盐类的溶液接触（均匀喷洒或均匀混合），金属盐类（活性组分）被载体均匀吸附后（若有过剩溶液应除去），再经干燥、煅烧、活化处理，即得到催化剂。如乙炔气相法制醋酸乙烯的催化剂载于活性炭载体上的醋酸锌，就是用醋酸锌溶液浸渍活性炭配制，然后在流化床中控制一定温度沸腾干燥而成。

3.3.4　工业生产对催化剂的要求

（1）理想催化剂的必备条件　一种性能良好的催化剂应该具备

以下条件。

① 具有较高活性、高选择性，是选择催化剂的最主要的条件。

② 具有合理的流体流动性质，有最佳的颗粒形状（减少阻力，保证流体均匀通过床层）。

③ 有足够的机械强度、热稳定性和耐毒性，使用寿命长。

④ 原料来源方便，制备容易，成本低。

⑤ 毒性小。

⑥ 易再生。

在以上各条中，活性和选择性是首先应予保证的。在选择催化剂和制造过程中也要尽量考虑同时保证其他各个因素。

（2）工业固体催化剂成品的性能指标　衡量催化剂性能的指标有比表面、活性、选择性、强度、形状、密度、使用寿命等。

① 比表面　即1g催化剂具有的表面积（包括内、外表面），以 m^2/g 为单位。

气-固相催化反应是气体反应物在固体催化剂表面上进行的反应。催化剂比表面的大小对于吸附能力、催化活性有一定影响，进而直接影响催化反应的速度。工业催化剂常加工成一定粒度的粉末、多孔物质，或使用载体使活性组分有高度的分散性，其目的也在于增加催化剂与反应物的接触表面。比表面大，活性中心孔多，活性高。各种催化剂或载体的比表面大小不等。有的催化剂比表面为 $300m^2/g$，有的甚至高达 $500\sim1500m^2/g$。性能良好的催化剂应有比较大的比表面，以提高更多的活性中心，因而多是多孔性的。孔径的大小对催化剂表面的利用率及反应速度等均有一定影响，故对不同的催化反应，要选择有与化学反应相适应的孔结构，因此也不必片面地追求大的比表面。

② 活性　表示催化剂改变反应速度的能力。主要取决于催化剂的化学本性，还取决于催化剂的孔结构。一般可以借助于比活性、转化率和空间收率等定量表示活性高低。

a. 比活性　单位面积催化剂上的反应速度常数。是评价催化剂比较严格的方法，一般不用。

b. 转化率　单位催化剂对反应物的转化程度，也即可用单程转化率衡量活性。转化率是用单位质量或单位体积催化剂对反应物的转化程度来表示催化剂的活性，也即是用化学反应过程的单程转化率来衡量催化剂活性的大小。此种方法简单、直观，但由于转化率表示的是原料参加主、副反应的反应程度，因此不能确切地说明催化剂对主反应速度改变的程度，仅能说明一般规律，在要求不很精确时，工业上可用转化率来衡量催化剂的活性。

c. 空时收率　单位时间、单位催化剂上生成的目的产物的量，以 $kg/(L \cdot h)$ 或 $kg/(L \cdot m^3)$ 为单位。该指标直接表述了催化剂的生产效益，使用很方便，不仅可以表示催化剂的活性，而且常用来衡量催化剂的生产能力。

提高催化剂的活性是研制新催化剂和改进老催化剂研究工作的最主要目标。高活性的催化剂可以有效地加快主反应的化学反应速度，提高设备的生产强度和生产能力，即在原有设备的基础上提高单位时间目的产品的产量。

③ 选择性　表示催化剂促使反应向所要求的方向进行的能力。选择性是催化剂的重要特性之一，催化剂的选择性能好，可以达到减少化学反应过程的副反应，降低原料消耗定额，从而降低产品成本的目的。

④ 催化剂的强度、形状和密度　是催化剂的重要物理性质，对催化剂的使用和寿命有很大影响。催化剂应具有一定的机械强度，否则在使用过程中容易破碎和粉化。对固定床反应器会堵塞气流通道，增加流体阻力和压差，甚至被迫停车。对流化床反应器更会造成催化剂的大量流失，进而导致生产无法进行。催化剂的形状会影响流体阻力和耐磨性，形状规则的催化剂不仅对流体的阻力小，且耐磨性相对也好一些，尤其以球形为好。

催化剂的密度，尤其是堆积密度（即催化剂颗粒自由堆积状态下不扣除任何空隙体积计算出的密度值）的大小影响反应器的装填量。堆积密度大，单位体积反应器装填的催化剂量多一些，设备利用率就大一些。但与此同时，必须要求催化剂的强度要大，否则固定床反应器下层的催化剂容易被压碎。在流化床中，若催化剂堆积密度过小，气流速度就不能大，否则容易将催化剂吹出，而低流速下操作，设备的生产能力又会降低。

⑤ 催化剂的使用寿命　指催化剂从开始使用直到经过再生也不能恢复活性，从而达不到生产规定的转化率和产率的使用时间。催化剂的寿命越长，催化剂正常发挥催化能力的使用时间就越长，其总收率（催化剂的生产能力×使用时间）也就越高，于生产过程有利之处不仅是可以减少更换催化剂的操作以及由此而带来的物料损失，同时在经济上可以减少催化剂的消耗量而降低产品成本。因此，尤其是对价格昂贵的贵重金属催化剂，提高其性能质量，合理地使用，保护催化剂性能的正常发挥，延长使用寿命，更具有重要意义。

3.3.5　催化剂的使用

（1）固体催化剂的活化　一般情况下，制备好的催化剂在使用之前应经过活化处理，活化过程中常伴随着化学变化和物理变化。活化是将催化剂不断升温，在一定的温度范围内，使其具有更多的接触表面和活性表面结构，将活性和选择性提高到正常使用的水平。

催化剂的活化是一个重要过程，目的是将新制备的低活性催化剂经处理达到要求的高活性，方法是将催化剂不断升温，在一定的温度范围内使其具有更多的接触面和活性表面结构，将活性和选择性提高到正常使用水平。

最常用的活化方法是在空气或氧气中进行，在不低于使用温度下煅烧。加氢及脱氢催化剂一般在氢气存在条件下进行活化。活化过程中温度是一个重要因素，必须严格控制。

（2）催化剂活性衰退　催化剂在使用过程中活性会逐渐降低。造成催化剂活性衰退的原因一般有下列几种情况。

① 中毒及碳沉积　随反应物带进的某些物质会导致催化剂的活性降低，称为催化剂中毒。使催化剂中毒的物质称为催化剂的毒物。常见的催化剂毒物见表3-1。

表 3-1　各种常见催化剂毒物

催化剂	反应	催化剂毒物
Ni、Pt	脱水	S、Se、Te、As、Sb、Bi、Zn 化合物、卤化物
Pd、Cu	加氢	Hg、Pb、HN_3、O_2、CO(小于 453K)
Ru、Rh	氧化	C_2H_2、H_2S、PH_3、银化合物、砷化合物、氧化铁
Co	加氢裂化	NH_3、S、Se、Te、磷化合物
Ag	氧化	CH_4、C_2H_6
V_2O_5、V_2O_3	氧化	砷化合物
Fe	合成氨	PH_3、O_2、H_2O、CO、C_2H_2、硫化物
Te	加氢	Bi、Se、Te、磷化合物、水
	费歇合成汽油	硫化物
	氧化	Bi
硅胶、铝胶	裂化	有机碱、碳、烃类、水、重金属

催化剂中毒的形式一是毒物将活性物质转变为钝性的表面化合物；二是重金属化合物沉淀在催化剂上。

碳沉积是指在反应过程中，因深度裂解而生成碳或由于聚合反应生成聚合物、焦油等物质覆盖了催化剂表面，使催化剂失去活性。

② 化学结构的改变　是指催化剂在反应条件下发生结晶、溶解、分散、松弛等情况。一般反应条件控制不好，温度过高或局部过热时更容易引起化学结构的改变。

③ 催化剂成分的改变及损失　氧化还原反应的发生及催化剂组分挥发或被反应物带走，都会导致催化剂化学组成的变化，从而使其活性降低。

(3) 催化剂的再生　催化剂的活性丧失有的是可逆的，有的是不可逆的。经再生处理后可以恢复活性的属可逆，称为暂时性失活。如由于碳沉积或可以复原的化学变化（如氧化）等引起的活性降低，都是可逆的。经再生处理而不能恢复活性的为不可逆，称为永久性失活。如由于局部过热引起的活性结构改变以及永久性中毒等，这时催化剂只能废弃，要更换新的催化剂。

催化剂再生的方法应根据具体情况确定，取决于催化剂的性质和催化剂失活的原因、毒物的性质以及其他有关条件。不同的催化剂各有其特定的再生方法，一般分化学法（氧化还原）和物理法（溶剂提取）。

① 化学法（氧化还原） 例如脱氢催化剂，可用氧化还原法进行再生，先在一定温度下使其氧化，然后再用氢气还原法进行还原。石油馏分催化裂化及某些有机反应的催化剂是用空气烧掉催化剂表面上的积炭而使其再生的。

② 物理法（溶剂提取） 如用有机溶剂提取法来除去覆盖在催化剂表面上的有机物，对某些组分挥发等损失的催化剂，可以补充损失的组分而恢复其活性等。

（4）催化剂的使用 催化剂寿命的长短、发挥作用的好坏，很大程度上与使用过程是否合理、操作是否精心有关。如果使用不妥，催化剂就不能发挥应有的活性，致使催化剂寿命缩短、失效，甚至使生产不能正常运行。

① 催化剂的使用 催化剂在使用过程中应注意：防止与空气接触，避免已活化或还原的催化剂发生氧化；避免与毒物接触，避免催化剂中毒失活；严格控制反应温度，防止床层局部过热，以免烧坏催化剂。催化剂使用初期活性较高，操作温度尽量控制低一些，随活性的逐渐下降，可以逐步提高操作温度，以维持稳定的活性；减少操作条件波动，严禁开停车时条件突然变化。温度、压力的突然变化容易造成催化剂的粉碎，要尽量减少停车、开车的次数。

② 催化剂的装填 催化剂的装填是一项很关键的操作，尤其是对固定床反应器至关重要。催化剂装填是否均匀，直接影响到床层阻力与催化剂性能的正常发挥，导致原料的转化率和设备生产能力下降；催化剂装填不均匀会造成气流分布不均匀，容易造成局部过热，以致部分催化剂被烧结而损坏。一般情况下，装填催化剂之前要注意清洗反应器内部，检查催化剂承载装置是否合乎要求（如

铺一层铁丝网或耐火球等），并筛去催化剂的粉尘和碎粒，保证粒度分布在生产工艺规程规定的范围之内。然后确定好催化剂的装填高度，均匀装填。尤其是固定床反应器，一定要将催化剂分散铺开，防止催化剂分级散开的倾向，还要检测床层压力降（列管式反应器要校验每组列管的阻力降是否一致）。催化剂装填完毕，要将反应器进出口封好密闭，以防其他气体进入和避免催化剂受潮（对一些还原性催化剂及易吸潮的催化剂，不宜过早配制、过早装填）。

③ 催化剂活性的保持　催化剂的使用要兼顾活性、选择性和寿命。既要保持暂时的生产能力，又要保证产品质量，还要充分发挥催化剂的作用，即催化剂总收率要高。然而多种原因都会使催化剂的活性随使用时间的延长而缓慢正常下降，在流化床反应器中还会因催化剂颗粒之间的磨损而造成粉末飞散损失。为了保证生产过程工艺指标和产品质量的均一性，应保持催化剂在生产过程中有稳定的活性，以取得好的生产效益，为此在工业生产中常采用如下操作方法。

a. 催化剂交换（等温操作）法　此种方法是在恒温操作的反应器中，每天加进一定量的新催化剂，卸出一定量旧催化剂，以保证一定的催化剂内存量和一定的活性。这种操作法产量和质量都比较平稳。交换量可以根据经验找出规律并借助数学计算决定，原则是：加入量＝卸出量＋损失量。

b. 连续等温式操作法　对于有多台反应器组成的多列生产，每列反应器分作不同温度等级进行恒温操作，最低温列补加新催化剂，卸出的旧催化剂作为比它温度略高之列反应器的补加催化剂，而卸出的催化剂如此类推，直至高温列卸出之催化剂才废弃。这种操作方法称作连续等温式操作法。等温反应器的个数越多，其催化剂利用率就越完全。此种操作方法的优点是各列反应器基本上是恒温操作，产量、质量都比较平稳，便于实现自动化控制，减少系统波动，便于管理。

等温交换或连续等温式操作的缺点是每天都要加卸催化剂，劳动强度大，同时前一列卸出的催化剂加到下一列，使多列操作状态互相牵连，要实现最优控制颇难估计和掌握。最严重的缺点是催化剂的能力不能充分发挥，生产能力较低，设备利用率也较低，而且列数越少，其缺点越明显。

c. 升温操作法　此种操作法与固定床升温操作法相似。用单列反应器独立升温操作，劳动强度可以大大减少，除了补加一些飞散损失的催化剂外，不做催化剂交换。全床的停留时间和活性相同，既可保证一定产量，又可避免催化剂过快失活和影响质量，催化剂利用率提高。独立升温操作法的缺点是产品质量不如连续等温式稳定，不利于自动控制。除了升温要根据催化剂活性逐步进行外，补加飞散损失的问题也值得研究，如果一再补加新催化剂，在温度较高时，不仅使这部分新催化剂利用率降低，副反应也会增加。

对固定床反应器只能用升温操作法。即开始时用较低温度操作，待催化剂活性逐渐下降（空时收率降低）时相应地逐步提高反应温度，维持催化剂活性基本稳定在一定水平上。这样既可以保证一定产量，又可避免催化剂过快去活性或影响产品质量，催化剂利用率也较高。

对流化床反应器，除可用提高温度的方法外，采用交换催化剂来保持催化剂较高的空时收率，也是很常用的方法。

3.4　影响反应过程的基本因素分析

化工生产过程的中心环节是化学反应，只有通过化学反应，原料才能变成目的产品。然而化学反应过程往往又是复杂的，对某一个产品生产的化学反应过程而言，往往除了生成目的产物的主反应以外，也还有多种副反应（平行反应和连串反应）生成多种副产物。原料几乎不可能全部参加反应，生产上经常将反应物的转化率控制在一定的限度之内，再把未转化的反应物分离出来回收利用。若要实现消耗最少的原料，生产得到更多的目的产品，首先就要了解通过控制哪些基本因素可以保证实现化工产品工业化的最佳效果，明确这些外界条件对化学反应过程的影响规律，从而找出最佳工艺条件范围并实现最佳控制。

3.4.1 反应过程优化目标

反应过程的优化目标通常包括三个最佳点，即化学上的、工艺上的和设计中的最佳点。

① 化学上的最佳点　以产物浓度最大（即化学损失量最小）为优化目标最佳点。

② 工艺上的最佳点　以目的产物总收率最大为优化目标的最佳点。

③ 设计中的最佳点　以目的产物成本最低为优化目标的最佳点。

以上三种最佳点分别以目的产物不同的标准为优化目标，各有其不同的含义。从经济观点讲，成本最低应是最终目标，但对于已有的装置进行反应过程分析时，以收率最高为目标来寻求最佳工艺条件，更符合工艺管理的要求。

综合起来，最佳控制要达到的目的是：有较高的转化率和选择性；有较低的原材料消耗定额；条件不很苛刻，易实现；能保证生产安全。

3.4.2 影响反应过程基本因素分析

影响反应过程的基本因素分析以工艺上的最佳点为目标。讨论影响因素时一般是指在其他条件不变的情况下进行的。

（1）温度对化学反应的影响规律　温度是反应的一个最重要的影响因素。

① 温度与化学平衡　根据等压方程：$d\ln K_p/dT = \Delta H/RT^2$，$\Delta H > 0$ 是吸热反应，T 降低，K_p 增大；$\Delta H < 0$ 是放热反应，T 升高，K_p 降低。

从化学平衡的角度讲，升温有利于提高吸热反应的平衡产率，降温则有利于提高放热反应的平衡产率。它清楚地告诉我们应该如何改变温度去提高反应限度。

② 温度与反应速度　根据阿氏方程：$k = Ae^{-E/RT}$，T 升高，r

增大，但温度升高更有利于活化能高的反应，而一般情况下在同一个反应体系中，由于催化剂的存在，主反应的活化能往往是最低的，因此，从速度看，升高温度更有利于加快副反应的速度。

③ 温度与催化剂　任何催化剂都有其能够发挥正常活性的温度范围。在催化剂使用温度范围内，T 升高，活性升高，但同时催化剂中毒系数也会增大。

④ 温度与反应效果　在催化剂适宜的温度范围内，当温度较低时，由于反应速度慢，原料转化率比较低，但选择性比较高；随着温度的升高，反应速度加快，可以提高原料的转化率。然而由于副反应速度也随温度的升高而加快，选择性会下降，且温度越高下降越快。单程收率的变化规律一般是在温度不很高时，随温度的升高，因转化率上升，单程收率也呈上升趋势，但若温度升得过高后，会因为选择性随温度过高而下降，以导致单程收率也下降。由此看，升温对提高反应效果有好处，但不宜升得过高，否则反应效果反而变坏，而且选择性的下降还会使原料消耗量增加。

适宜温度条件的选择首先要根据催化剂的使用条件，温度必须在催化剂活性温度范围之内；而后，在此基础上，结合操作压力、空间速度、原料配比等条件，在符合安全生产的要求下，通过实验和生产实践，选择最佳温度。

(2) 压力对化学反应的影响规律　由于液体的可压缩性太小，所以一般压力对液相反应的影响不大，液相反应都在常压下进行。对某些气液相反应，为了维持反应在液相中进行，往往在与之平衡的气相空间略加有限的压力。气体的可压缩性很大，因此压力对气相反应的影响比较大。在此只讨论压力对气相反应的影响规律。

① 压力与化学平衡　根据 $K_p = K_y p^{\Delta n}$，T 一定，$K_p =$ 常数。$\Delta n < 0$，p 增加，K_y 增加，平衡向产物方向移动；$\Delta n > 0$，p 增加，K_y 降低，平衡向反应物方向移动；$\Delta n = 0$，$K_p = K_y =$ 常数，压力变化对平衡移动没有影响。

以上分析说明，从化学平衡的角度看，增大压力对分子数减少的反应是有利的，而降低压力有利于分子数增加的反应。

② 压力与反应速度 压力对反应速度的影响是通过压力改变反应物浓度而形成的，一般情况下，增大反应压力，也就相应地提高了反应物的分压（即浓度增大）。除零级反应外，反应速度均随反应物浓度的增加而加快。所以一定条件下，增大压力，间接地加快了化学反应速度。

③ 压力与设备生产能力 增加压力可以缩小气体混合物的体积。对于一定的原料处理量来说，意味着反应设备和管道的容积都可以缩小；对于确定的生产装置来说，则意味着可以加大处理量，即提高设备的生产能力，这对于强化生产是有利的。p 升高，生产能力增大，加压操作是生产中强化生产的一个重要手段。

随着反应压力的提高，一是对设备的材质和耐压强度要求也高，设备造价、投资自然要增加；二是对反应气体加压，需要增加压缩机，能量消耗增加很多。此外，压力提高后，对有爆炸危险的原料气体，其爆炸极限范围将会扩大。压力高，生产过程的危险性也增加，因此，安全条件要求也就更高。

适宜压力条件的选择应从压力对反应效果的影响、对经济效果的影响、对安全生产的影响几方面综合考虑。

（3）原料配比对化学反应的影响规律 原料配比指的是化学反应有两种以上的原料时，原料的摩尔数（或质量数）之比一般多用原料摩尔配比表示。原料配比对反应的影响与反应本身的特点有关。

① 理想配比 按反应方程式计量关系。

② 原料配比与化学平衡 在原料中提高一种原料的浓度，会提高另一种原料的转化率。

③ 原料配比与反应速度 $r = K c_A^a c_B^b$，$a + b \neq 0$，c_A、c_B 增加，r 加快；$a > b$，c_A 增加，更有利于 r 加快。

④ 过量原料的分离 主要看过量原料是否易分离，过量原料是否有循环利用价值。

选择原料配比时，若为爆炸混合物，则首先要避开爆炸极限范围。在保证安全的前提下，适宜的原料配比范围应根据反应物的性能、反应的热力学和动力学特征以及催化剂性能、反应效果、经济衡算结果等综合分析后予以确定。

（4）停留时间对反应的影响规律　停留时间是指原料在反应区或催化剂床层停留的时间，又称接触时间。空间速度一般指的是单位时间单位体积催化剂上通过的原料气（相当于标态）的量。

停留时间长，空速小，原料单程转化率高，循环物料量少，能耗低；但同时副反应增加，选择性下降，催化剂中毒系数提高，活性下降，寿命减少。另一方面，停留时间长，原料处理量小，大大降低了设备生产能力。

对于一个具体的反应体系，适宜停留时间选择应根据适当的转化率、产率以及催化剂性能决定。为保证较高的选择性，一般反应体系多采用较大的空速，即较短的停留时间。

3.5　工艺过程组织分析

3.5.1　工艺操作

（1）化工生产中的主要操作　化工生产的操作，按其作用与目的可分为反应、分离和提纯、混合、调节温度、调节压力等。

① 化学反应　反应是化工生产过程的核心，其他的操作都是围绕着化学反应组织和实施的。化学反应的好坏，直接影响着生产的全过程。

② 分离与提纯　主要用于反应原料的净化、产品的分离与提纯。它是根据物料的物理性质（如沸点、熔点、溶解度、密度等）的差异，将含有两种或两种以上组分的混合物分离成纯的或比较纯的物质。常用的有蒸馏、吸收、吸附、萃取等化工单元操作。

③ 物料混合　是将两种及其以上的物料按照配比进行混合的操作，以达到生产需要的浓度。

④ 温度调节　化学反应速度、物料聚集状态的变化（如蒸汽的冷凝、液体的汽化或凝固、固体的熔化）以及其他物理性质的变化均与温度有密切的关系。改变温度，可以调节上述性质达到生产

所需的要求。温度的改变，一般是通过换热器实现的。

⑤ 压力调节　反应过程中有气相反应物时，改变压力可以改变气相反应物的浓度，从而影响化学反应速度和产品的收率。蒸汽的冷凝或是液体的汽化等相变化过程与压力有着密切的关系。改变压力可以改变相变条件。此外，流动物料的输送，需要增加流体压力以克服设备和管道的阻力。改变压力的操作，可通过泵、压缩机等机械设备将机械能转化为物料的内能来实现。

此外，在化工生产中还有破碎、筛分、除尘等操作。

（2）工艺操作方式　工艺操作按操作状况可分为稳态操作和非稳态操作。按操作方法分为间歇操作过程、连续操作过程和半间歇（半连续）操作过程。

① 间歇过程　开始原料一次投入，结束产物一次取出。属非稳态操作。间歇操作在进料与出料之间，系统内外几乎没有物料交换。

间歇操作的优点是工艺过程简单，投资费用低，生产的灵活性大，过程中变更工艺条件容易。缺点是加料、出料、清洗等非生产时间多，设备利用率不高，生产能力较低，工艺参数不很严格，产品质量易波动，人工操作多，劳动强度大。一般在小批量、多品种的精细化工生产中广泛采用。基本化工产品试验生产中也常采用间歇操作。

② 连续过程　连续不断进料，同时连续不断出料。属稳态操作，进出物料之间质量平衡。

连续操作的优点是设备利用率高，生产能力大，容易实现自动化操作，工艺参数控制稳定，产品质量稳定。缺点是投资大，操作人员技术水平要求高，转产困难。一般在技术成熟的大规模工业生产、基本化工生产中广泛采用连续操作。

③ 半间歇过程　一次性向设备内投入物料，连续不断地从设备中取出产品的操作；或是连续不断地加入物料，在操作一定时间后，一次性取出产品；再或是一种物料分批加入，而另一种物料连续加入，根据生产需要连续或间歇地取出产品。属非稳态操作。

3.5.2　工艺过程的组成

将原料转化为产品，需要经过一系列的化学和物理加工程序。工艺过程就是若干个加工程序（简称工序）的有机组合，而一个工序又是由若干个设备组合而成。原料就是通过各个设备完成了某种化学或物理加工，最终转化为产品。

（1）化工生产工序　包括化学工序和物理工序。

① 化学工序　即以化学的方法改变物料化学性质的过程，也称反应过程。化学反应千差万别，按其共同特点和规律可分为若干个单元反应过程。例如氧化、还原、裂解、缩合、水解、磺化、硝化、氯化、酰化、烷基化等。

② 物理工序　只改变物料的物理性质而不改变其化学性质，也称化工单元操作。例如流体的输送、传热、蒸馏、蒸发、干燥、结晶、萃取、吸收、吸附、过滤、破碎等加工过程。

（2）工艺过程组成　化工产品种类繁多，性质各异。不同的化工产品，生产工艺过程不尽相同；同一产品，由于原料路线和加工方法不同，其生产工艺过程也不尽相同。但是，从宏观的角度看，一个化工生产过程一般都包括以下几个内容。

① 原材料准备（原材料工序）　包括反应所需的主要原料及溶剂、水等各种辅助原料的贮存、净化、干燥以及配制等。也包括反应使用的催化剂和各种助剂的制备、溶解、贮存、配制等。

② 反应过程（反应工序）　全流程的核心。以反应过程为主，还要附设必要的加热、冷却、反应产物输送以及反应控制等。

③ 产品分离与提纯（分离工序）　目的是将反应生成的产物从反应系统分离出来，进行精制、提纯，得到目的产品。并将未反应的原料、溶剂以及随反应物带出的催化剂、副反应产物等分离出来，尽可能实现原料、溶剂等物料的循环使用。

④ 综合利用（回收工序）　对反应过程生成的一些副产物，或不循环的少量的未反应原料、溶剂，以及催化剂等物料，均应有必要的精制处理以回收使用，为此要设置一系列分离、提纯操作，如精馏、吸收等。

⑤ 后加工过程（后处理工序） 将分离过程获得的目的产物按成品质量要求的规格、形状进行必要的加工制作，以及贮存和包装出厂。

⑥ 三废处理（辅助工序） 流程中为回收能量而设的过程（如废热利用），为稳定生产而设的过程（如缓冲、稳压、中间贮存），为治理三废而设的过程（如废气焚烧），以及产品贮运过程等，属于辅助过程，但不可忽视。

工艺过程中单元组合的通常形式如图 3-3 所示。

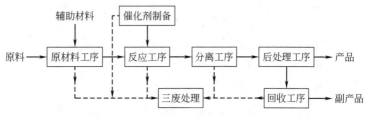

图 3-3　工艺过程中单元组合形式

3.5.3　工艺流程

工艺流程是指原料转化为产品，经历各种反应设备和其他设备以及管路的全过程，它反映了原料转化为产品采取的化学和物理的全部措施，是原料转化为产品所需要的单元反应、化工单元操作的有机组合。

工艺流程图是以图解的形式表示化工生产过程，也就是将生产过程中物料经过的设备按其形状和顺序画出示意图，并画出设备之间的物料管线及其流向。以几何图形和必要的文字解释表示设备与设备之间的相互关系，并说明生产的具体过程，对于生产操作和生产管理都有重要的意义。

工艺流程图，按其用途可分为生产工艺流程图、物料流程图、带控制点的工艺流程图等。

（1）生产工艺流程图 工艺流程图是设备形状示意图，分别表示化工单元操作和单元反应过程，以箭头表示物料和载能介质的流向，并辅以文字说明。图 3-4 所示为醋酸乙烯酯合成工序生产工艺流程图。

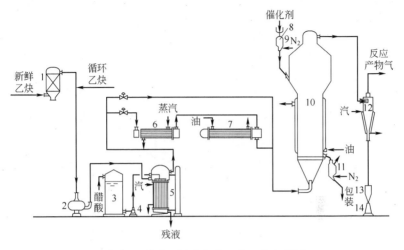

图 3-4　醋酸乙烯酯合成工序工艺流程图

1—吸附槽；2—乙炔鼓风机；3—醋酸贮槽；4—醋酸加料泵；5—醋酸蒸发器；

6—第一预热器；7—第二预热器；8—催化剂加入器；9—催化剂加入槽；

10—流化床反应器；11—催化剂取出槽；12—粉末分离器；

13—粉末受槽；14—粉末取出槽

工艺流程图中的设备外形与实际外形的主视图相似。工艺流程图常用设备的代号与图例见表 3-2。

表 3-2　工艺流程图常用设备的代号与图例

序号	设备类别	代号	图　　例				
1	塔	T	填料塔	筛板塔	浮阀塔	泡罩塔	喷洒塔

续表

序号	设备类别	代号	图 例
2	反应器	R	固定床反应器　　　管式反应器　　　反应釜
3	容器（槽、罐）	V	卧式槽　　　立式槽 除沫分离器　旋风分离器　湿式气柜　球罐 锥顶罐　浮顶罐
4	换热器 冷却器 蒸发器	E	固定管板式　　　U形管式 浮头式　　　釜式　　　平板式 换热器　　　冷却器

序号	设备类别	代号	图　　例
4	换热器 冷却器 蒸发器	E	空冷器　　　　　　　　蒸发器
5	泵	P	离心泵　液下泵　旋转泵 齿轮泵　水环式 真空泵 纳式泵 螺杆泵　活塞泵 比例泵　柱塞泵　喷射泵
6	鼓风机 压缩机	C	鼓风机　离心压缩机 （卧式）　（立式） 旋转式压缩机 M 四级往复式压缩机　　M 单级往复式压缩机
7	工业炉	F	此两图例仅供参考， 炉子型式改变时， 应按具体炉型画出 箱式炉　　圆筒炉

续表

序号	设备类别	代号	图　　例
8	烟囱 火炬	S	烟囱　　火炬
9	起重运输 机械	L	桥式　单轨　斗式提升机 刮板输送机　皮带输送机 悬臂式　旋转式　手推车
10	其他机械	M	板框式压滤机　回转过滤机　离心机

（2）物料流程图　物料流程图由框图、图例和经过各设备（或工序）的物料名称及数量组成，表示所加工物料的数量关系。每个框表示过程的名称、流程序号及物料组成和数量。图3-5所示为醋酸乙烯酯合成工序的物料流程图。

（3）带控制点的工艺流程图　带控制点的工艺流程图是组织、实施和指挥生产的技术文件，也称施工流程图。图3-6是带控制点的醋酸乙烯酯合成工序的工艺流程图。带控制点的工艺流程图表示

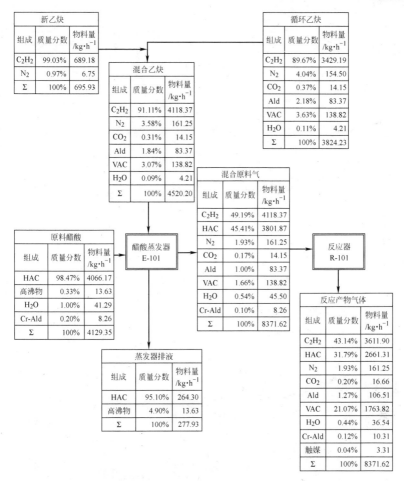

新乙炔

组成	质量分数	物料量/kg·h⁻¹
C_2H_2	99.03%	689.18
N_2	0.97%	6.75
Σ	100%	695.93

循环乙炔

组成	质量分数	物料量/kg·h⁻¹
C_2H_2	89.67%	3429.19
N_2	4.04%	154.50
CO_2	0.37%	14.15
Ald	2.18%	83.37
VAC	3.63%	138.82
H_2O	0.11%	4.21
Σ	100%	3824.23

混合乙炔

组成	质量分数	物料量/kg·h⁻¹
C_2H_2	91.11%	4118.37
N_2	3.58%	161.25
CO_2	0.31%	14.15
Ald	1.84%	83.37
VAC	3.07%	138.82
H_2O	0.09%	4.21
Σ	100%	4520.20

混合原料气

组成	质量分数	物料量/kg·h⁻¹
C_2H_2	49.19%	4118.37
HAC	45.41%	3801.87
N_2	1.93%	161.25
CO_2	0.17%	14.15
Ald	1.00%	83.37
VAC	1.66%	138.82
H_2O	0.54%	45.50
Cr-Ald	0.10%	8.26
Σ	100%	8371.62

原料醋酸

组成	质量分数	物料量/kg·h⁻¹
HAC	98.47%	4066.17
高沸物	0.33%	13.63
H_2O	1.00%	41.29
Cr-Ald	0.20%	8.26
Σ	100%	4129.35

醋酸蒸发器 E-101

反应器 R-101

反应产物气体

组成	质量分数	物料量/kg·h⁻¹
C_2H_2	43.14%	3611.90
HAC	31.79%	2661.31
N_2	1.93%	161.25
CO_2	0.20%	16.66
Ald	1.27%	106.51
VAC	21.07%	1763.82
H_2O	0.44%	36.54
Cr-Ald	0.12%	10.31
触媒	0.04%	3.31
Σ	100%	8371.62

蒸发器排液

组成	质量分数	物料量/kg·h⁻¹
HAC	95.10%	264.30
高沸物	4.90%	13.63
Σ	100%	277.93

图 3-5 醋酸乙烯酯合成工序的物料流程图

了全部工艺设备及其纵向关系，物料和管路及其流向，冷却水、加热蒸汽、真空、压缩空气和冷冻盐水等辅助管路及其流向，阀门与管件，计量-控制仪表及其测量-控制点和控制方案，地面及厂房各层标高。

工艺流程图的管道与附件图例见表 3-3，管道物料代号见表 3-4。

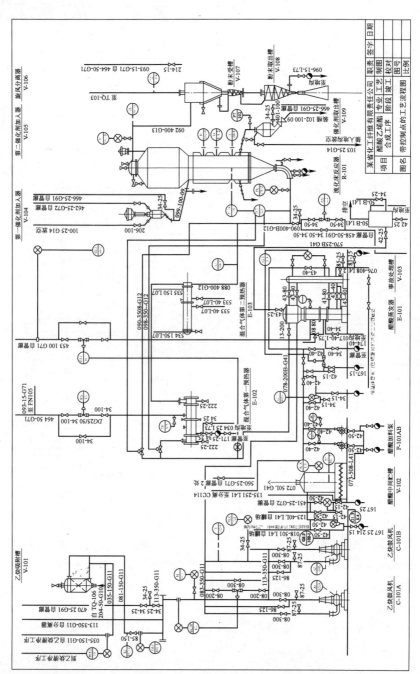

图 3-6 醋酸乙烯酯合成工序带控制点工艺流程图

表 3-3　工艺流程图的管道与附件图例

序号	名　　称	符　　号
1	软管	
	翅管	
	可拆卸短管	
	同心异径管	
	偏心异径管	
	多孔管	
2	管道过滤器	
3	毕托管	
	文氏管	
	混合管	
4	转子流量计	
5	插板	
	锐孔板	
6	盲法兰	
	管子平板封头	
7	活接头	
	软管活接头	
	转动活接头	
	吹扫接头	
	挠性接头	
8	防空管	
9	分析取样接口漏斗	
10	消声器	
	阻火器	
	爆破膜	
11	视盅	

续表

序号	名　　称	符　　号
12	伸缩器	
13	疏水器	
14	来自或去界外	图号×××
15	闸阀	
16	截止阀	
17	针孔阀	
18	球阀	
19	蝶阀	
20	减压阀	
21	旋塞(直通、三通、四通)	
22	安全阀(弹簧式与重锤式)	
23	Y形阀	
24	隔膜阀	
25	止回阀 高压止回阀 旋起式止回阀	或

续表

序号	名　称	符　号
26	柱塞阀	
27	活塞阀	
28	浮球阀	
29	杠杆转动节流阀	
30	底阀	
31	取样阀与实验室用龙头	
32	喷射器	
33	防雨帽	

表 3-4　工艺流程图管道物料代号

物料名称	代　号	物料名称	代　号
工业用水	S	酸性下水	CS
回水	S′	碱性下水	JS
循环上水	XS	蒸汽	Z
循环回水	XS′	空气	K
生活用水	SS	氮气或惰性气体	D_1
消防用水	FS	输送用氮气	D_2
热水	RS	真空	ZK
热水回水	RS′	放空	F
低温水	DS	煤气、燃气	M
低温回水	DS′	有机热载体	RM
冷冻盐水	YS	油	Y
冷冻盐水回水	YS′	燃油	RY
脱盐水	TS	润滑油	LY
凝结水	N	密封油	HY
排出污水	PS	化学软水	HS

3.5.4 主要设备的选择

由于化工生产的复杂性，过程中使用的设备类型非常之多。实现同一工艺要求，不但可以选用不同的单元操作方式，也可以选用不同类型的设备。当单元操作方式确定之后，应当根据物料量和确定的工艺条件，选择一种合乎工艺要求而且效率高的设备类型。一般定型设备可以按产品目录选择适宜的规格型号，非定型设备就要通过计算来确定设备的主要工艺尺寸。设备的选择与计算要充分考虑工艺上的特点，尽量选用先进设备并力求降低投资，节省用料。同时，还必须满足容易制造维修，便于工业上实现生产连续化和自动化，减少工人劳动强度，安全可靠，没有污染等要求。

（1）反应器的选择 反应器是用来完成化学反应过程的设备，各类化学反应过程大多数是在催化剂作用下进行的，但实现过程的具体条件却有许多差别，这些差别对反应器的结构形式有一定影响。因此，应该根据所要完成的化学反应过程的特点，分析过程具体条件对工艺提出的要求来选择反应器。一般情况下，可以从下述几方面的工艺要求来选择反应器。

① 反应动力学要求 化学反应在动力学方面的要求主要体现在要保证原料达到一定的转化率和有适宜的反应时间。由此可根据应达到的生产能力来确定反应器的容积以及各项工艺尺寸。此外，动力学要求还对设备的选型、操作方式的确定和设备的台数等有重要影响。

② 热量传递的要求 化学反应过程都是伴随有热效应的，必须及时移出放热反应放出的反应热或及时供给吸热反应所需足够的反应热。所以，必须要选择合适的传热装置和传热方式，同时要有可靠的温度测量控制系统，使反应温度能够及时地检测和控制。

③ 质量传递过程与流体动力学过程的要求 为了使反应和传热能正常地进行，反应系统的物料流动应满足流动形态（如湍动）等既定要求。如物料的引入要采用加料泵来调节流量和流速；釜式反应器内要设置搅拌；一些气体物料进入设备要设置气体分布装置

使之分布均匀等。

④ 工程控制的要求　化工工艺过程很重要的一条就是要保证稳定、可靠、安全地进行生产。反应器除应有必要的物料进出口接管外，为便于操作和检修还要有临时接管、人孔、手孔或视镜灯、备用接管口、液位计等。另外，有时偶然的操作失误或者意外的故障都会导致重大事故，因此对反应器的设计和选择必须十分重视安全操作。例如在反应器上设置防爆膜、安全阀、自动排料阀，在反应器外设置阻火器，为快速终止反应而设置必要的事故处理用工艺接管、氮气保安管以及一些辅助设施（如流化床反应器更换催化剂的加入卸出槽）等。工艺过程应尽量采用自动控制，以保证操作更稳定、可靠。目前，很多重要的化学反应器都已采用计算机控制，实现化工过程的全面自动化生产。

⑤ 机械工程的要求　对反应器在机械工程方面的要求一是要保证反应设备在操作条件下有足够的强度和传热面积，同时便于制造；二是要求设备所用的材料必须对反应介质具有稳定性，不参与反应，不污染物料，也不被物料所腐蚀。

⑥ 技术经济管理的要求　反应器的造型是否合理，最终体现在经济效果上。设备结构要简单，便于安装和检修，有利于工艺条件的控制，最终能达到设备投资少，保证工艺生产符合优质、高产、低耗的要求。

总之，反应设备的选择应结合各种反应器的性能、特点，根据具体产品生产工艺的需要，综合上述各条要求来选择确定。

（2）分离设备的选择　分离设备主要用于反应原料的净化、产品的分离与提纯，目的是将含有两种或两种以上组分的混合物分离成纯的或比较纯的物质。分离过程与设备对于一个化工生产过程是十分重要的，在工艺过程中，分离过程与设备往往占很大的比例。

选择分离单元操作必须要根据混合物料中各物质的物理性质（如沸点、熔点、溶解度、密度等）及化学性质的差异，根据分离单元操作的特性进行选择。常用的分离单元操作有蒸馏、吸收、吸附、萃取等。在基本化工生产中，蒸馏和吸收最为常见。

精馏设备和吸收设备都属于典型的气液传质设备。常见的气液传质设备按内部构件的不同可分为板式塔和填料塔两种，板式塔又有筛板塔、浮阀塔、泡罩塔、浮动喷射塔、斜孔塔等多种形式，填料塔也有多种形式的瓷环填料和波纹填料以及性能较好的新型填料。在选择精馏和吸收设备时要注意以下几方面的要求。

① 能力大、效率高、结构简单　化学工业的发展趋势是装置向大型化发展。因此，要求设备生产能力大，效率比较高，设备体积尽可能小，结构简单，这样不仅制造、维修方便，成本也可以降低。

② 可靠性好　由于化工生产多为连续进行，要求精馏设备有较好的可靠性，能保证长期运转不出故障，因此，设备的力学性能一定要好，同时设备要具有足够的操作弹性，以便处理量或气液比变化时，仍能保持较高的效率，稳定运转。

③ 满足工艺要求　由于化学工业涉及的物料性能差异很大，对精馏和吸收操作提出的要求也有很大的区别。如有加压精馏或减压精馏，有时又采用特殊精馏，有的物料有腐蚀性，有的又含有污垢或沉淀，许多单体在精馏的高温条件下还很容易自聚或分解等。因此，在塔设备的选型或选择材料时，应充分考虑满足具体工艺特殊性的要求。如对容易自聚的单体的精制，可以选择不易堵塞且便于清扫的大孔筛板等结构简单的塔设备。

④ 塔板压力降小　对有些传质过程来说，压力降对操作有很重要的意义。如减压精馏的塔板压力降过高会使塔釜温上升到致使产品变质的程度，而对塔板数多（如大于 100 层）的精馏塔，塔板压力降过大又会导致塔釜温度上升，再沸器加热温差则显著减小。所以塔板压力降不能过大。

对精馏和吸收设备的上述要求，往往不能同时满足，有时甚至相互抵触，所以在选择塔设备时，必须根据塔设备在工艺流程中的地位和特点，注意满足主要的要求，同时结合各种塔型的特点和性能选择确定。

1. 化学反应平衡分析的内容有哪些？

2. 简述化学反应平衡移动原理。

3. 改变化学反应速度的意义是什么？

4. 简述影响化学反应速度的因素及影响规律。

5. 什么是催化剂？催化剂有哪些特征？

6. 固体催化剂的基本构成及作用各是什么？

7. 如何衡量催化剂性能？理想催化剂的条件有哪些？

8. 催化剂失活的原因有哪些？

9. 生产中使用时催化剂应注意哪些问题？

10. 化工生产中的主要单元操作有哪些？工艺过程组成的主要工序有哪些？

11. 什么是工艺流程？绘制工艺流程图的意义是什么？

12. 什么是物料流程图？绘制物料流程图的意义是什么？

13. 组织工艺流程应遵循哪些主要原则？

第 **4** 章

化工基本计算

培训目标

1. 明确物质的质量、物质的摩尔质量、物质的量的概念和它们之间的关系；明确物质的量浓度和质量分数的概念与关系。

2. 学会物质的质量、物质的摩尔质量、物质的量之间的换算；学会物质浓度的计算；学会溶液稀释配制计算；学会生产过程原料转化率、产物产率、单程收率和选择性计算；学会原料消耗定额和原料利用率计算；学会简单单元过程物料衡算。

4.1 物质量的计算

4.1.1 物质的质量、物质的摩尔质量、物质的量（mol）之间关系

$$物质的量(mol) = \frac{物质的质量(g)}{物质的摩尔质量(g \cdot mol^{-1})}$$

或　　　物质的质量(g)＝物质的量(mol)×物质的摩尔质量

$$(g \cdot mol^{-1})$$

（1）已知物质的质量，计算物质的量。

例 4-1　196g 的硫酸是多少摩尔？

解：已知 H_2SO_4 的分子量[1]是 98，则 196g H_2SO_4 的质量：

$$n = \frac{196g}{98g \cdot mol^{-1}} = 2mol$$

（2）已知某物质的量，计算物质的质量。

例 4-2　5mol Na_2CO_3 的质量是多少克？

解：已知 Na_2CO_3 的摩尔质量是 106g·mol^{-1}，则 5mol Na_2CO_3 的质量：

5mol Na_2CO_3 的质量＝5mol×106g·mol^{-1}＝530g

4.1.2 溶液的浓度

溶液的浓度通常用溶质的质量分数表示，还可用物质的量浓度表示，后者在化工计算中占有重要地位，是生产和科研常用的浓度表示方法。

（1）物质的量浓度　以 1 升（L）溶液中所含溶质的物质的量来表示溶液的浓度，称为物质的量浓度或简称浓度，用 c 表示，单位是 mol·L^{-1}。

例如：1L 硫酸溶液中含 1mol（98g）硫酸，叫做 1mol·L^{-1} 硫酸溶液；

---

[1] 本章所有分子量均指相对分子质量。

1L 硫酸溶液中含 0.1mol（9.8g）硫酸，叫做 0.1mol·L^{-1}硫酸溶液；

1L 硫酸溶液中含 0.5mol（49g）硫酸，叫做 0.5mol·L^{-1}硫酸溶液。

溶液的溶质的量浓度可用下式表示：

$$溶质的量浓度\ c(\text{mol·L}^{-1})=\frac{溶质的物质的量\ n(\text{mol})}{溶液的体积\ V(\text{L})}$$

当溶质的物质的量不变时，溶液的物质的量的浓度和溶液的体积成反比。在等体积、等物质的量的溶液中，所含溶质的分子数是相等的。

（2）质量分数　溶质的质量与溶液质量的比称为溶质的质量分数，也称溶质的质量浓度。

溶液的溶质的质量分数（浓度）可用下式表示：

$$溶质的质量分数\ w=\frac{溶质的质量\ m(\text{g})}{溶液的质量\ m(\text{g})}$$

例 4-3　在 200ml 稀盐酸里含有 0.73g HCl，计算该溶液的物质的量浓度。

解：已知 HCl 的摩尔质量是 36.5g·mol^{-1}，0.73g HCl 的物质的量：

$$\frac{0.73\text{g}}{36.5\text{g·mol}^{-1}}=0.02\text{mol}$$

则该溶液的物质的量浓度为：

$$\frac{0.02\text{mol}}{\dfrac{200}{1000}\text{L}}=0.1\text{mol·L}^{-1}$$

例 4-4　将 37g HCl 气体溶解于 63g 的水中制成盐酸溶液，计算该溶液 HCl 的质量分数。

解：该溶液 HCl 的质量分数为：

$$\frac{37}{37+63}=0.37=37\%$$

4.1.3　溶液物质的量浓度的计算及溶液配制方法

（1）已知溶液的物质的量浓度，计算一定体积溶液中所含溶质

的质量

例 4-5 配制 1000ml，0.1mol·L^{-1}NaOH 溶液，需要多少克 NaOH？

解：1mol NaOH 的质量为 40g，则 0.1mol NaOH 的质量：

$$40g \cdot mol^{-1} \times 0.1mol = 4g$$

设：1000mL、0.1mol·L^{-1} NaOH 溶液中含 NaOH 为 x，则：

$$x = \frac{1000mL \times 4g}{1000mL} = 4g$$

（2）已知溶质的物质的量和溶液的体积，计算溶液的浓度

例 4-6 将 20mol 的氨气溶于水，制得 1L 的氨水溶液，求该溶液的浓度。

解：已知 $n(NH_3) = 20mol$，$V(溶液) = 1L$，所以：

$$c(NH_3) = \frac{n(NH_3)}{V(溶液)} = \frac{20}{1} = 20(mol \cdot g \cdot L^{-1})$$

（3）已知溶液的质量分数和密度，计算溶液的浓度

例 4-7 某浓硫酸质量分数为 0.98，密度为 1.84g·cm^{-3}，计算硫酸的浓度 $c(H_2SO_4)$。

解：已知 $w(H_2SO_4) = 0.98$，$\rho = 1.84g \cdot cm^{-3}$，$M(H_2SO_4) = 98g \cdot L^{-1}$

每升硫酸溶液的质量：

$$\rho \times 1000 = 1.84 \times 1000 = 1840g \cdot L^{-1}$$

每升硫酸溶液中的 H_2SO_4 质量：

$$m(H_2SO_4) = w(H_2SO_4) \times 1840 = 0.98 \times 1840 = 1803.2g \cdot L^{-1}$$

所以 $c(H_2SO_4) = \frac{m(H_2SO_4)}{M(H_2SO_4)} = \frac{1803.2}{98} = 18.4 \ (mol \cdot g \cdot L^{-1})$

（4）有关溶液稀释的计算 溶液稀释前后溶质的质量不变，即溶液中溶质的物质的量不变。则

$$c_1 V_1 = c_2 V_2$$

式中 V_1——稀释前溶液的体积；

c_1——稀释前溶液的物质的量浓度；

V_2——稀释后溶液的体积；

c_2——稀释后溶液的物质的量浓度。

例 4-8 配制 3L 1mol·L^{-1} BaCl$_2$ 溶液，需 2mol·L^{-1} 的 BaCl$_2$ 溶液多少升？

解：已知 $c_1 = 2$mol·L^{-1}，$c_2 = 2$mol·L^{-1}，$V_2 = 3$L，根据

$$c_1 V_1 = c_2 V_2$$

则

$$2 \times V_1 = 1 \times 3$$

$$V_1 = 1.5\text{L}$$

即取 1.5 L 2mol·L^{-1} 的 BaCl$_2$ 溶液，加水稀释至 3L，即得 1mol·L^{-1} BaCl$_2$ 溶液。

4.1.4 溶液浓度的换算

市售的许多液体试剂常常只标明密度和质量分数，如盐酸密度 1.19g·mL^{-1}、质量分数 37%；H$_2$SO$_4$ 密度 1.84g·mL^{-1}、质量分数 98% 等。而在实际工作中，往往要用到物质的量浓度，因而就需要进行浓度的相互换算。

溶液浓度的表示方法虽有不同，但实际上分为两大类。一类是质量浓度，表示溶质和溶液的质量比；另一类是体积浓度，如物质的量浓度，表示一定体积的溶液中所含溶质的量。这两大类浓度可以通过"密度"联系起来，因而密度就成为两大类浓度换算的桥梁。

$$溶液的密度(\text{g·mL}^{-1}) = \frac{溶液的质量(\text{g})}{溶液的体积(\text{mL})}$$

如将质量分数换算为物质的量浓度，可通过溶液的密度 (ρ)、体积 (V)、质量分数 (w) 先算出溶质的质量 (G)。

$$G = \rho V w$$

然后，再由溶质的质量与溶质的摩尔质量求出溶质的物质的量，进而算出物质的量浓度。

例 4-9 盐酸的质量分数为 37%，密度为 1.19g·mL^{-1}，求该盐酸的物质的量浓度。

解：已知 HCl 的摩尔质量为 36.5g·mol^{-1}，$\rho = 1.19$g·mL^{-1}，盐酸的质量分数为 37%，则 1L 盐酸中所含 HCl 的质量：

$G = \rho V w = 1.19 \text{g} \cdot \text{mL}^{-1} \times 1000 \text{mL} \cdot \text{L}^{-1} \times 37\% = 440.3 \text{g} \cdot \text{L}^{-1}$

例 4-10 市售 98%（质量分数）硫酸溶液，密度为 $1.84 \text{g} \cdot \text{mL}^{-1}$，配成 1：5（体积比）的硫酸溶液。(1) 计算这种硫酸的质量分数；(2) 若所得稀硫酸的密度为 $1.19 \text{g} \cdot \text{mL}^{-1}$，试计算其物质的量浓度。

解： 题目没有给出溶液的数量，解这类题目时，应先确定一种计算基准。为便于计算，设浓硫酸的体积为 1mL。

(1) 计算 1：5 硫酸溶液的质量分数

1mL 浓硫酸与 5mL 水混合，所得溶液总质量：

$1 \text{mL} \times 1.84 \text{g} \cdot \text{mL}^{-1} + 5 \text{mL} \times 1 \text{g} \cdot \text{mL}^{-1} = 6.84 \text{g}$

溶质的质量： $1 \text{mL} \times 1.84 \text{g} \cdot \text{mL}^{-1} \times 98\% = 1.8 \text{g}$

1：5 硫酸的质量分数：

$$w = \frac{1.8 \text{g}}{6.84 \text{g}} \times 100\% = 26.3\%$$

(2) 计算 1：5 硫酸物质的量浓度

$$c = \frac{1000 \text{mL} \times 1.19 \text{g} \cdot \text{mL}^{-1} \times 26.3\%}{98 \text{g} \cdot \text{mol}^{-1} \times 1 \text{L}} = 3.19 \text{mol} \cdot \text{L}^{-1}$$

例 4-11 $2 \text{mol} \cdot \text{L}^{-1}$ NaOH 溶液的密度是 $1.08 \text{g} \cdot \text{mL}^{-1}$，计算其质量分数。

解： NaOH 摩尔质量为 $40 \text{g} \cdot \text{mol}^{-1}$，$2 \text{mol} \cdot \text{L}^{-1}$ NaOH 溶液的密度是 $1.08 \text{g} \cdot \text{mL}^{-1}$，其 1L 溶液中含 NaOH 的质量：

$G = 2 \text{mol} \cdot \text{L}^{-1} \times 1 \text{L} \times 40 \text{g} \cdot \text{mol}^{-1} = 80 \text{g}$

而 1L 溶液的质量： $1.08 \text{g} \cdot \text{mL}^{-1} \times 1000 \text{mL} = 1080 \text{g}$

则：

$$w\% = \frac{80 \text{g}}{1080 \text{g}} \times 100\% = 7.4\%$$

4.2 生产常用指标计算及简单过程物料衡算

4.2.1 化学方程式及利用化学方程式计算

表示物质的化学反应的式子称为化学方程式。每个化学方程式都是在实验基础上得出来的，不能臆造。化学方程式表达了发生反应前后物质的质和量的变化以及发生反应时这些物质间量的关系。

（1）化学方程式表示物质间量的关系。

例如： $Fe + H_2SO_4(稀) \longrightarrow FeSO_4 + H_2 \uparrow$

化学式量	56	98	152	2
质量（g）	56	98	152	2
物质的量（mol）	1	1	1	1

从上面可以看出：

56g Fe 与 98g H_2SO_4 完全反应可生成 152g $FeSO_4$ 和 2g 氢气。

1mol Fe 与 1mol H_2SO_4 完全反应生成 1mol $FeSO_4$ 和 1mol 氢气。

1mol Fe 与 98g H_2SO_4 完全反应生成 152g $FeSO_4$。

（2）利用化学方程式进行计算。

利用化学方程式进行计算的一般步骤如下。

① 正确地书写出化学方程式。

② 在方程式下面注明有关物质间量的关系。

③ 列比例式。

④ 计算得出结果、答案。

例 4-12　130g 铁与足量稀硫酸反应，能生成多少硫酸铁？

解：设能生成 x 克 $FeSO_4$

$$Fe + H_2SO_4(稀) \longrightarrow FeSO_4 + H_2 \uparrow$$

$$56 \quad\quad 98 \quad\quad\quad\quad 152$$

$$130 \quad\quad\quad\quad\quad\quad\quad x$$

$$\frac{56}{130} = \frac{152}{x} \quad\quad\quad x = 352.86g$$

（3）用化学方程式计算时应注意以下几点。

① 各物质化学式下表示的量的单位必须一致。

② 物质之间量要相当。

③ 注明量纲时用质量、物质的量还是气体的体积，要根据题中已知和要求的量的种类而定。

4.2.2 转化率

$$转化率 = \frac{参加反应的反应物量}{通入系统的反应物量} \times 100\%$$

$$单程转化率 = \frac{输入反应器的反应物量 - 从反应器输出的反应物量}{输入反应器的反应物量}$$
$$\times 100\%$$

$$总转化率 = \frac{输入过程的反应物量 - 从过程输出的反应物量}{输入过程的反应物量} \times 100\%$$

$$平衡转化率 = \frac{平衡时反应掉的反应物量}{通入的反应物量} \times 100\%$$

例 4-13 乙炔与醋酸催化合成醋酸乙烯酯工艺流程如图 4-1 所示。

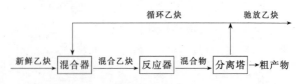

图 4-1 乙炔与醋酸催化合成醋酸乙烯酯工艺流程

已知新鲜乙炔的流量为 600kg/h，混合乙炔的流量为 5000kg/h，反应后乙炔的流量为 4450kg/h，循环乙炔的流量为 4400kg/h，驰放乙炔的流量为 50kg/h，计算乙炔的单程转化率和全程转化率。

解：

$$乙炔的单程转化率 = \frac{5000 - 4450}{5000} \times 100\% = 11\%$$

$$乙炔的全程转化率 = \frac{600 - 50}{600} \times 100\% = 91.67\%$$

4.2.3 产率

$$产率（选择性） = \frac{目的产物的实际产量}{以反应原料计算的目的产物的理论产量} \times 100\%$$

$$= \frac{生产目的产物消耗的某种原料量}{参加反应的该种原料量} \times 100\%$$

$$单程收率 = \frac{目的产物的实际产量}{以通入反应器原料计算的目的产物的理论产量} \times 100\%$$

$$= \frac{生产目的产物消耗的某种原料量}{通入反应器的该种原料量} \times 100\%$$

$$总收率 = \frac{目的产物的实际产量}{以通入系统新鲜原料计算的目的产物的理论产量} \times 100\%$$

$$= \frac{生产目的产物消耗的某种原料量}{通入系统的该种新鲜原料的量} \times 100\%$$

例 4-14 苯和乙烯烷基化反应制取乙苯，每小时得到烷基化液 500kg，质量组成为苯 45%，乙苯 45%，二乙苯 15%。假定原料苯和乙烯均为纯物质，控制苯和乙烯在反应器进口的摩尔比为 1:0.6。试求 (1) 进料和出料各组分的量；(2) 假定苯不循环，乙烯的转化率和乙苯的产率；(3) 假定离开反应器的苯有 90% 可以循环使用，此时乙苯的总收率。

解： 基准 1h

化学反应方程式 $\qquad C_6H_6 + C_2H_4 \longrightarrow C_6H_5C_2H_5$

$\qquad\qquad\qquad\qquad C_6H_6 + 2C_2H_4 \longrightarrow C_6H_5(C_2H_5)_2$

(1) 烷基化液中 苯 $\qquad 500 \times 0.45 = 225$ （kg）

$\qquad\qquad\qquad$ 乙苯 $\qquad 500 \times 0.40 = 200$ （kg）

$\qquad\qquad\qquad$ 二乙苯 $\qquad 500 \times 0.15 = 75$ （kg）

生成乙苯和二乙苯所需消耗的苯量：

$$\left(\frac{200}{106} + \frac{75}{134} \right) \times 78 = (1.8868 + 0.5597) \times 78 = 190.83 \text{kg}$$

苯的进料量：$190.83 + 225 = 415.83 \text{kg} = 5.331 \text{kmol}$

乙烯进料量：$5.331 \times 0.6 = 3.1986 \text{kmol} = 89.56 \text{kg}$

(2) 乙烯的消耗量 $(1.8868 + 2 \times 0.5597) \times 28 = 84.17$ （kg）

乙烯的转化率：

$$\frac{84.17}{89.56} \times 100\% = 94\%$$

乙苯的产率：

$$\frac{1.8868}{5.331} \times 100\% = 35.4\%$$

(3) 循环的苯量 $225 \times 0.9 = 202.5$ （kg）

新鲜苯的需要量:

$$415.38-202.5=213.33kg=2.735kmol$$

乙苯的总收率:

$$\frac{1.8868}{2.735}\times100\%=69.0\%$$

在实际生产中,当反应原料是难以确定的混合物,而反应过程又极为复杂,各种组分难以通过分析手段来确定时,可以直接采用以混合原料质量为基准的收率来表示反应效果。以原料质量为基准的收率称为质量收率。

$$质量收率=\frac{生成的目的产物的质量}{混合原料的质量}\times100\%$$

例 4-15 裂解炉通入气态烃混合物 5000kg/h,经裂解得到乙烯 2550kg/h,求乙烯的收率。

解:根据题意,乙烯的收率为:

$$\frac{2550}{5000}\times100\%=51\%$$

质量收率的数值是有可能大于 100% 的,因为混合原料的质量有时并不能包括所有参加反应的物质,如空气中的氧参与反应时,氧的质量就无法计入。

4.2.4 选择性

对于复杂反应,原料除生成目的产物外,还会生成副产物。在实际生产中,常采用选择性评价反应过程效率的高低,即目的产物的产出率或原料的利用率。

选择性是生成目的产物所消耗的反应物量与参加反应的反应物量之比值,表示参加反应的反应物实际转化为目的产物的比例。

对于由某反应物生成的目的产物,其选择性表示为:

$$选择性=\frac{目的产物的实际产量}{以反应原料计算的目的产物的理论产量}\times100\%$$

$$=\frac{生产目的产物消耗的某种原料量}{参加反应的该种原料量}\times100\%$$

$$选择性=单程收率\times转化率$$

例 4-16 一套年产 1500t 苯乙烯的乙苯脱氢装置，以每千克乙苯加 2.6kg 水蒸气的配比进料，在 650℃的操作温度下，苯乙烯的选择性为 90%，单程收率为 36%，装置年生产时间为 7200h，已知原料乙苯的纯度为 98%（质量分数），其余为甲苯，试计算每小时原料乙苯和水蒸气的投入量。

解： 化学反应方程式 $C_6H_5C_2H_5 \longrightarrow C_6H_5C_2H_3 + H_2$

摩尔质量   106   104

摩尔量   1   1

苯乙烯产量：

$$\frac{1500 \times 1000}{7200 \times 104} = 2 \text{kmol} \cdot \text{h}^{-1} = 208 \text{kg} \cdot \text{h}^{-1}$$

参加主反应（生成苯乙烯消耗的）的乙苯量：

$$2 \text{kmol} \cdot \text{h}^{-1} = 212 \text{kg} \cdot \text{h}^{-1}$$

参加反应的乙苯量：

$$\frac{2}{0.9} = 2.22 \text{kmol} \cdot \text{h}^{-1} = 235.32 \text{kg} \cdot \text{h}^{-1}$$

乙苯的转化率：

$$\frac{0.36}{0.9} = 0.4 = 40\%$$

通入反应系统的乙苯量：

$$\frac{2.22}{0.4} = 5.55 \text{kmol} \cdot \text{h}^{-1} = 588.3 \text{kg} \cdot \text{h}^{-1}$$

投入的乙苯原料量：

$$\frac{5.55}{0.98} = 5.66 \text{kmol} \cdot \text{h}^{-1} = 599.96 \text{kg} \cdot \text{h}^{-1}$$

投入的水蒸气量：

$$588.3 \times 2.6 = 1529.58 \text{kg} \cdot \text{h}^{-1}$$

4.2.5 消耗定额

$$消耗定额 = \frac{原料量}{产品量}$$

$$\frac{A_{理}}{A_{实}} \times 100\% = 原料利用率 = (1 - 原料损失率)$$

计算消耗定额时需要注意的是，生产一种目的产品，若有两种以上的原料，则每一种原料应分别计算各自的消耗定额。对生产同一目的产品的某种原料，如果原料的组成不同，其消耗定额也会有差异。

例 4-17 用氟石（含 96% CaF_2 和 4% SiO_2）为原料，与 93% H_2SO_4 反应制造氟化氢，其反应式如下：

$$CaF_2 + H_2SO_4 \longrightarrow CaSO_4 + 2HF$$

副反应 $$SiO_2 + 6HF \longrightarrow H_2SiF_6 + 2H_2O$$

氟石分解度为 95%，每千克氟石实际消耗 93% H_2SO_4，为 1.42kg。求（1）每生产 1000kg HF 消耗的氟石量；（2）H_2SO_4 的过量百分数。

解：基准 1000kg 氟石

物质	CaF_2	HF	SiO_2	H_2SO_4
分子量	78	20	60	98

（1）生成 HF 量：

$$100 \times 96\% \times 95\% \times 2 \times \frac{20}{78} = 46.77 \text{（kg）}$$

副反应消耗量：

$$100 \times 4\% \times 95\% \times 6 \times \frac{20}{60} = 7.6 \text{（kg）}$$

实际得到 HF 量：

$$46.77 - 7.6 = 39.17 \text{（kg）}$$

每生产 1000kg HF 的氟石消耗量：

$$\frac{100}{39.17} \times 1000 = 2553 \text{（kg）}$$

（2）93% H_2SO_4 实际消耗量为 1.42kg·(kg 氟石)$^{-1}$，100kg 氟石实际消耗 H_2SO_4：

$$100 \times 1.42 \times 93\% = 132.06 \text{（kg）}$$

100kg 氟石完全分解需要 H_2SO_4 的理论量：

$$\frac{100}{78} \times 96\% \times 98 = 120.61 \text{（kg）}$$

100kg H_2SO_4 过量百分数：

$$\frac{132.06 - 120.61}{120.61} \times 100\% = 9.49\%$$

4.2.6　简单过程的物料衡算

简单过程是指仅有一个设备或将整个过程简化成一个设备的过程。这种过程比较简单，例如混合、过滤、干燥、蒸馏、吸收等单元设备。在实际生产中，对这些简单过程进行物料衡算，对于投加料和出料量判断等是很有必要的。

无反应过程物料衡算式：

输入的物料量－输出的物料量＝积累的物料量

若过程为连续稳定过程，则：

输入的物料量－输出的物料量＝0

在物料衡算中，计算基准的选取至关重要，它直接影响计算的繁简。计算中必须将所选取的基准写清楚，并在计算过程中始终保持一致。在一般化工计算中，根据过程的特点选择的计算基准大致有以下几种。

•时间基准　以一段时间，如一天、一小时的投料量或产品产量作为计算基准，如 kg/h。对间歇操作的体系，可选每釜或每批作基准。

•质量基准　当系统介质为液、固相时，选取原料或产品的质量作为计算基准是适宜的。如以 1kg、100kg、100kmol 的原料作为基准。

•体积基准　主要在对气体物料进行衡算时选用，应把实际情况下的体积换算为标准状况下的体积。气体混合物中，各组分的体积分数与摩尔分数在数值上是相等的。

下面是几种常见简单单元过程的物料衡算。

（1）混合过程　两种或两种以上的物料在混合设备中产生均匀

分布，是化工生产中很常见的一个过程。

例 4-18 现有 800kg 回收的稀硫酸溶液，内含 H_2SO_4 12.43％（质量分数）。现在需将其配制成含有 H_2SO_4 18.63％的溶液再生使用，问需加入 77.7％ 的 H_2SO_4 多少千克？可制得多少新溶液？

解： 假设混合过程在一个混合槽内进行，物料流程如图 4-2 所示。

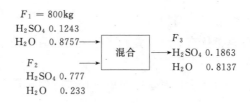

图 4-2　例 4-18 流程图

此题中已知一个质量和三个组成，有两个未知变量，设 F_2 为 77.7％ H_2SO_4 质量，F_3 为新溶液的质量。可以写出一个总物料平衡式和两个组分平衡式，其中任意两个都是独立方程，可以解出两个未知变量。

基准：800kg 回收的稀硫酸溶液。

总物料平衡　　　　　　$F_1 + F_2 = F_3$

H_2SO_4 平衡　　　　　$F_1 x_1 + F_2 x_2 = F_3 x_3$

代入已知数据　　　　　$800 + F_2 = F_3$

$$0.1243 \times 800 + 0.777 F_2 = 0.1863 F_3$$

解方程式得　　　　　　$F_2 = 83.97 \text{kg}$

$$F_3 = 883.97 \text{kg}$$

将上述结果代入 H_2O 的平衡式，可校核计算的正确性：

$$0.8757 \times 800 + 0.223 \times 83.97 = 0.1837 \times 883.97$$

上式成立，说明计算结果正确。

（2）过滤过程　是一种将固体和液体分开的操作过程。

例 4-19 将某含有 30％（质量分数）固体的浆料进行过滤分离，进入过滤设备的浆料流量为 2400kg/h，滤液中含有 1.5％ 的固体，滤饼中含有 8％ 的液体，计算滤液和滤饼的流量。

解：对过滤设备进行物料衡算，物料流程如图 4-3 所示。

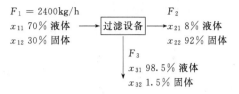

图 4-3　例 4-19 流程图

过程无积累。设滤饼流量为 F_2，滤液流量为 F_3，共有两个未知变量。根据题意可以列出一个总平衡式、一个固体平衡式和一个液体平衡式，其中只有两个是独立方程式，可以解出两个未知量。

基准：2400kg/h 浆料。

总物料平衡　　　　　　$F_1 = F_2 + F_3$

液体平衡　　　　　$F_1 x_{11} = F_2 x_{21} + F_3 x_{31}$

代入已知数据：$2400 = F_2 + F_3$

$$0.7 \times 2400 = 0.08 F_2 + 0.985 F_3$$

解方程式可得：　　　　$F_2 = 755.8 \text{kg/h}$

$$F_3 = 1644.2 \text{kg/h}$$

将计算结果代入固体平衡式进行检验：

$$0.3 \times 2400 = 0.92 \times 755.8 + 0.015 \times 1644.2$$

上式成立，说明计算结果正确。

（3）干燥过程　是脱除固体中液体成分的一种单元操作。

例 4-20　湿纸浆含 71%（质量分数）的水，干燥后去掉了初始水分的 80%，试计算干燥后纸浆的含水量和每千克湿纸浆去掉的水分质量。

解：过程的物料流程如图 4-4 所示。

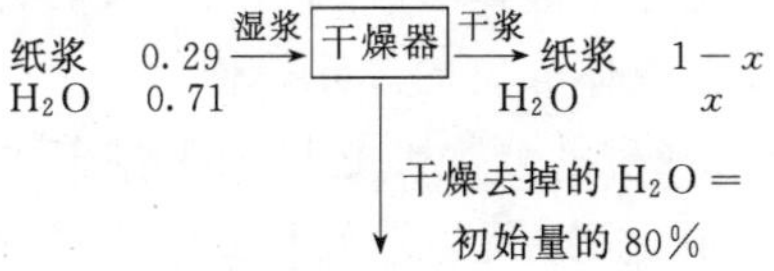

纸浆　　0.29　　湿浆　干燥器　干浆　纸浆　　$1 - x$
H_2O　0.71　　　　　　　　　　　H_2O　　x

干燥去掉的 H_2O ＝
初始量的 80%

图 4-4　例 4-20 流程图

基准：1kg 湿浆。

湿浆中水的质量：$0.71 \times 1 = 0.71$kg

去掉的水的质量：$0.71 \times 80\% = 0.568$kg

H_2O 的平衡　干浆中水的质量：$0.71 - 0.568 = 0.142$kg

总量平衡　　　干浆的质量：$1 - 0.568 = 0.432$kg

干浆的含水量：$X = 0.142 \div 0.432 = 0.329 = 32.9\%$

（4）蒸馏过程　分离混合液体的单元操作。

例 4-21　用精馏塔将含乙醇 35%（质量分数）的水溶液精馏至 85%，要求控制塔底乙醇含量为 5%，计算当进料量为 1000kg/h 时塔顶和塔底采出量各是多少？

解：精馏过程物料流程如图 4-5 所示。

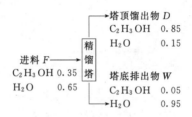

图 4-5　例 4-21 物料流程

基准：1000kg/h 进料。

题中各股物料的组成均一致，只有两个未知变量，列出两个独立方程即可求解。

总物料平衡　　　　　$F = D + W$

乙醇平衡　　　$0.35F = 0.85D + 0.05W$

将 $F = 1000$ 代入，解方程式可得：

$$D = 375\text{kg/h} \qquad W = 625\text{kg/h}$$

（5）吸收过程　是通过液体吸收剂与气体接触并将气体中易溶解的组分溶解，从而与气体分离的单元操作。

例 4-22　含 20%（质量分数）氨与 80% 空气的混合气用水吸收，吸收塔出口气体中含氨 3%，塔底得到含 10% 氨的氨水溶液，吸收塔进气量 30kg/h，计算吸收塔塔底氨水采出量、吸收塔顶废气排出量和塔顶吸收剂的水加入量。

解：吸收塔物料流程如图 4-6 所示。

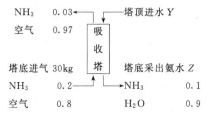

图 4-6　例 4-22 物料流程

基准：30kg/h 进气量。

设塔顶废气排出量为 X kg/h，塔顶水加入量为 Y kg/h，塔底氨水采出量为 Z kg/h。

列物料衡算式：

氨平衡式　　　　$0.2×30=0.03X+0.1Z$

空气平衡式　　　$0.8×30=0.97X$

水平衡式　　　　$Y=0.9Z$

解方程可得：

$X=24.74kg/h$　　　$Y=52.58kg/h$　　　$Z=58.42kg/h$

1. 物质的量的单位是什么？摩尔质量的单位是什么？与物质的分子量有什么关系？

2. 计算 0.5mol NaOH 的质量。

3. 物质的浓度有哪些表示方法？

4. 物质的量浓度的单位是什么？

5. 简述物质质量分数的定义。

6. 配制 500ml 0.1mol/L $FeSO_4$ 溶液，需要称取 $FeSO_4 \cdot 7H_2O$ 多少克？

7. HCl 质量分数为 0.30，密度为 $1.15g/cm^3$，求盐酸溶液的物质的量浓度 $c(HCl)$。

8. HNO_3 质量分数为 0.60，密度为 $1.37g/cm^3$，求硝酸溶液的物质的量浓度 $c(HNO_3)$。

9. 将 200mL 浓度为 2mol/L 的 Na_2CO_3 溶液配制成 0.82mol/L 的 Na_2CO_3 溶液，应加水稀释至多少毫升？

10. 某工厂由甲醇和空气反应生产乙醛，年产 37％（质量分数）甲醛水溶液 5000t，年生产时间 8400h，原料配比采用空气过量 25％，甲醇的总转化率为 95％，试计算生产中空气加入量（kg/h）。

11. 利用真空干燥器，将 500kg 含水 10％（质量分数）的湿物料干燥至含水 0.5％（质量分数），求干燥后物料的量剩多少千克？

12. 含水 20％（质量分数）的醋酸溶液与未知量的苯混合后用一个连续精馏塔进行分离。测得塔顶馏出物中含有醋酸 10.9％、水 21.7％、苯 67.4％（质量分数），塔釜液为流量 350kg/h 的纯醋酸，试求蒸馏塔的进料组成和流量。

13. 盐水淡化过程中，海水含盐 3.5％（质量分数），用蒸发冷凝法生产 1000kg/h 纯水，要求排出盐水浓度不得超过 7％（质量分数），试求需要处理的海水量为多少？

14. 乙烯气相水和生产乙醇，在一定条件下，通入反应器的乙烯量为 400kg/h，反应器出口产物中含有产物乙醇 24.7kg/h、原料乙烯 384kg/h，其中有 382kg/h 乙烯循环回反应器再反应，求乙烯的单程转化率、总转化率、单程收率和总收率。

第 **5** 章

典型无机化工产品生产

培训目标

1. 了解煤气、氨、氯碱、盐酸、尿素、硝酸、硫酸等重要无机化工产品的基本性质和用途；了解离子膜选择性透过的原理。

2. 明确煤气、氨、氯碱、盐酸、尿素、硝酸、硫酸等重要无机化工产品的生产原理；明确氨合成、硫酸生产、盐酸合成的反应器结构。

3. 学会煤气、氨、氯碱、盐酸、尿素、硝酸、硫酸等生产工艺流程图读图。

5.1 煤气化生产合成气

5.1.1 概述

所谓煤的气化是指煤及其干馏物（半焦、焦炭、碎焦）中复杂的有机物在高温下用蒸汽、空气（或氧气）、二氧化碳等气化剂，通过化学反应将其转化成含氢、一氧化碳和甲烷等气体的加工方法。由氢和一氧化碳气体组成的混合物称为合成气。对于化工生产来说，采用气化的方式可以最大限度地对煤进行利用。

合成气是一种重要的化工原料。特别是目前石油资源日趋紧张，利用合成气合成一系列化工原料和产品，对于化学工业具有十分重要的意义。

合成气可以生产合成氨，可以生产甲醇、甲醛、甲酸、乙二醇、烯烃和芳烃等，烯烃和合成气通过羰基化可以得到一系列高级醇、醛、酸、酯等化工产品。目前合成气化工生产的发展，已经表明了在石油化工之后，未来基本有机化工的原料将大多来自于合成气。

工业上合成气的生产方法目前主要有两种：一是煤的气化，二是天然气转化。我国作为一个产煤大国，通过煤气化生产合成气并进一步合成一系列化工产品，对于提高煤的利用，发展煤化工具有十分重要的意义。

根据煤气化气化炉形式的不同，分为固定床气化法、沸腾床气化法和气流床气化法。

固定床气化法是指固体块状燃料的气化，一般是在逆流式煤气发生炉中进行。即固体不断地由上向下运动，气体则由下向上流动。固定床气化法历史悠久，炉型多，老的生产装置都是这种方法。

沸腾床气化是指纯氧以一定的气速引入炉中，由高气速使燃料呈沸腾状，并进行气化的操作方式。要使床层在这种状况下操作，要求燃料颗粒小，流体具有一定的速度带动燃料颗粒。沸腾床较固定床而言，具有燃料颗粒直径小，气固接触面积大，反应速度快，强度高等特点。因此，与固定床相比有很多的优点，是工业生产中使用较广的一种方法。

气流床气化法是指气化剂携带煤粉分为数股经特制喷头喷向炉中心，在瞬间完成气化反应。该方法使用劣质煤的经济性好，反应温度高，煤气中不含甲烷和有机物，是合成气生产很好的方法。

这里主要讨论的是应用最广的沸腾床气化法。

5.1.2 煤气化原理

（1）煤气化反应 以空气和水蒸气混合为气化剂时，原料煤中碳在气化过程中发生的主要反应有：

$$C + O_2 \longrightarrow CO_2$$

$$2C + O_2 \longrightarrow CO$$

$$C + CO_2 \longrightarrow 2CO$$

$$C + 2H_2 \longrightarrow CH_4$$

$$2CO + O_2 \longrightarrow 2CO_2$$

$$CO + 3H_2 \longrightarrow CH_4 + H_2O$$

$$CO + H_2O \longrightarrow CO_2 + H_2$$

$$CH_4 + 2O_2 \longrightarrow CO_2 + H_2O$$

$$2CO + 2H_2 \longrightarrow CH_4 + CO_2$$

$$O_2 + 2H_2 \longrightarrow 2H_2O$$

$$C + 2H_2O \longrightarrow CO_2 + 2H_2$$

沸腾床操作遵循流化床原理（流化床反应器介绍见 6.7.4 节）。在操作过程中其气体操作速度介于临界流化速度和最大流化速度之间。但与一般流化床相比，加入沸腾层气化炉气化燃料的粒径分布比较分散，而且随着气化反应的进行，燃料粒径不断缩小，对应的最大流化速度相应减小。当对应的最大流化速度减小到小于操作气速时，燃料就会被气流带走，造成燃料浪费。

气体向燃料颗粒表面的扩散过程及燃料颗粒与气体之间的热交换速度与颗粒对气体的相对速度有关。实践证明，气流与颗粒的相对速度越大，床层给热系数越大，氧和水蒸气向燃料颗粒表面扩散的速度越大。因此，较高的速度有利于提高传热速率和增大反应速度。在较高气速下，燃料层流化强烈，使大量的燃料粉末随气流带到炉的上层空间。为了减少碳的损失，提高炉子的生产能力和煤气的质量，通常在炉子上部加入二次风。在二次风区，首先进行完全氧化反应，利用该类反应放出的大量热量，提高反应的温度。在高温下，剩余的碳、甲烷与二氧化碳、水蒸气发生反应，从而提高生成气中一氧化碳和氢气的含量。

（2）工艺条件　包括燃料质量、温度、燃料量、风量等。

① 燃料质量　在沸腾层气化过程中燃料与气化剂的接触时间较短，反应温度较低。因此，要求燃料具有高的化学活性。这样可以在较低温度下进行气化反应获得较高的气化强度，可提高合成气质量。

燃料的粒度及其分布对沸腾效果有较大的影响。粒度过大，流化效果差，容易产生局部过热，造成燃料烧结。粒度过小，大量颗粒被气体带到气化炉上部，使上部温度过高，破坏炉子稳定性。若在上部燃烧不完全，会造成燃料消耗增加。有一定粒度分布的燃料，既可满足床层具有较高的流化质量，又能减少燃料的损失。根据实际操作经验，粒度范围 0～10mm，其中 10mm 颗粒在 5% 以下，粒度小于 1mm 的颗粒低于 10%～15%。

煤中水分的含量对气化过程也有一定的影响，水分含量过多，燃料粉碎困难。另外，在气化过程中大量水分蒸发，会使炉温降低，二氧化碳含量上升，合成气质量下降，氧气消耗量增加。实际生产中，要求煤中水分含量小于 12%。

② 温度　生成一氧化碳的反应为吸热反应，生成二氧化碳的反应为放热反应。因此，提高反应温度，可提高生成一氧化碳反应的平衡常数，降低生成二氧化碳反应的平衡常数，有利于合成气的生成。但反应温度的提高受燃料灰熔点限制，过高的温度致使灰渣熔结，导致气化剂分布不均匀，沸腾层阻力增加，沟流现象严重，最终造成转化率下降。过低的温度会使产物中二氧化碳和甲烷含量上升，降低了生成气的质量。因此，温度需控制在一个适宜的范

围。工业生产中一般控制沸腾层温度在 $880\sim1110℃$ 左右。

③ 燃料加入量　燃料量的多少对生成气的组成有很大的影响。若炉中燃料不断减少,导致氧气过量,深度氧化反应加剧,生成气中二氧化碳含量很快上升,达到一定程度会出现极值。超过极值,二氧化碳含量将急剧下降,这时煤气中氧含量骤增。若不采取措施,将有爆炸的危险。相反,燃料层过厚,气化剂含量相对减少,炉温下降,也会使二氧化碳和甲烷含量上升。正常条件下,燃料层高度 $1.5\sim2m$。

④ 风量　由炉底通入床层的气化剂的流量称为一次风量,一次风量太小,大量的粉煤不能被流化,易产生局部飞温或烧结现象,恶化气化条件。气量过大,流化速度过高,导致大量粉煤带出,降低了燃料的利用率,增加了产品的成本。因此,应根据气化条件选择适宜的一次风量,对于直径 $3m$ 的流化床,每小时每平方米炉床截面吹入气量为 $2000\sim4000m^3$。吹入气量的大小还影响到床层温度。吹入气量大,炉温高,能加速二氧化碳还原和蒸气分解反应,使一氧化碳含量上升,但需考虑灰熔点。吹入量小,炉温降低,二氧化碳含量会上升。

为了提高煤的气化效率和提高气体质量,常需要在沸腾层之上引入二次风。二次风量是根据沸腾层上部气流中煤粉及烃含量的多少以及燃料的灰熔点不同来确定。气流中煤粉及烃含量高,应增加二次风量,以提高原料转化率,减小副产物含量,达到高选择性和高收率的目的。但二次风量过大,气流中氧含量过高,使反应温度升高,若达到灰熔点,将在炉内结渣,严重时将烧坏二次风喷嘴。因此,一般取二次风量为总吹入气的 $25\%\sim35\%$。

5.1.3　煤气化设备和工艺

(1) 气化设备　气化设备分为固定床、沸腾床和气流床。广泛应用的沸腾床如图 5-1 所示。

气化炉主体是一个除了床箅没有其他内件的自由流化床。

(2) 工艺流程　沸腾床煤气化工艺流程如图 5-2 所示。

经过干燥和粉碎的煤粉,由煤粉运输设备送至煤贮斗中。为了

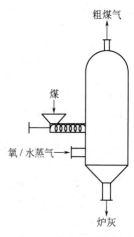

图 5-1 沸腾床示意图

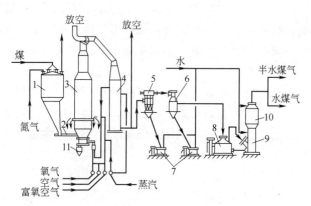

图 5-2 沸腾床煤气化工艺流程

1—煤贮斗；2—螺旋加料机；3—气化炉；4—灰斗；5—废热锅炉；
6—旋风分离器；7,9,11—气水分离器；8,10—文氏洗涤器

防止煤气漏入煤贮斗中，实际生产中，煤贮斗中充以一定压力的氮气。煤从贮煤斗用螺旋加料器送入煤气发生炉。氧气经止逆水封后沿两路送入煤气发生炉，一路与过热蒸汽混合作为一次风进入炉下部的吹风室。另一路沿二次吹入气管经二次风嘴进入炉腔。

氧气和过热蒸汽的混合气经吹风室穿过炉箅进入炉腔内。在炉箅上煤粉由于气流作用，产生沸腾状态的运动，按条件控制温度，在沸腾床中，煤粉与氧气、水蒸气进行气化反应。一次吹入气的吹入量，根据煤气发生炉的负荷进行调节，通入一次风的同时，在稀相段送入二次风，以保证煤粉完全转化。煤气发生炉顶部出口出来的高温粗煤气，经废热锅炉冷却后，为了除去干煤气中夹带的粉尘，净化水煤气，由锅炉进来的水煤气进入旋风除尘器，粉尘落入粉尘搅拌器，加水搅拌，排至地沟。气体则鼓泡经过水封槽进入洗涤塔中。最后，通过电除尘器，将气体中含尘量降至要求的范围。

5.2 合成氨

5.2.1 概述

（1）氨的性质　氨在常温、常压下为无色气体，具有刺激性气味，能灼伤皮肤、眼睛，刺激呼吸器官黏膜。人们在空气含氨浓度大于 $100cm^3/m^3$ 的环境中，每天接触 8h 会引起慢性中毒；$5000\sim 10000mg/L$ 时，只要接触几分钟就会有致命作用。氨的相对分子质量为 17.03，沸点（0.1013MPa）为 $-33.35℃$，冰点为 $-77.7℃$。液氨密度（0.1013MPa，$-33.4℃$）为 0.6818kg/L，液氨挥发性很强，汽化热较大。氨极易溶于水，溶解产生大量的热，用于生产含氨 15%～30%（质量分数）的商品氨水，氨的水溶液呈弱碱性，易挥发。氨与空气或氧可形成爆炸性混合物，爆炸极限（体积分数）分别为 15.5%～28% 和 13.5%～82%。

氨化学性质较活泼，与酸反应生成盐，如与磷酸反应生成磷酸铵；与硝酸反应生成硝酸铵；与二氧化碳反应生成碳酸氢铵等。其中许多为化学肥料。在铂催化剂的作用下，氨与氧反应生成一氧化氮，是生产硝酸的最重要反应。

（2）合成氨的意义与用途　氨是制造氮肥的最主要原料。氮肥在化学肥料中占很大的比例，是化学工业中一个极为重要的产品。

氮是蛋白质中的主要组成部分，蛋白质用来维持植物和动物的生命。空气中含有 79%（体积）的氮。但是绝大多数植物不能直接吸收这种游离的氮。只有当氮与其他元素化合以后，才能为植物所利用。这种使空气中游离态氮转变成化合态氮的过程，称为"氮的固定"。固定氮的方法很多，合成氨法是目前采用最广、最经济的方法。

氨主要用来制造化学肥料，也作为其他化工产品的生产原料。

氨的合成及其加工，首先是用于生产肥料，液氨含氮 82.3%，本身就是一种高效肥料，可直接施用，但因易挥发，液氨的贮存、运输与施肥都需要一套特殊的设备。目前大多将氨与其他化合物加工成各种固体氮肥和部分液体肥料，如尿素、氯化铵、氨水和碳化氨水等。

氨不仅对农业有着重要作用，而且也是重要的工业原料。基本化学工业中的硝酸、纯碱，含氮无机盐，有机化学工业中的含氮中间体，制药工业中的磺胺类药物、维生素、氨基酸，化纤和塑料工业中的己内酰胺、己二胺、甲苯二异氰酸酯、人造丝、丙烯腈、酚醛树脂等，都需要以氨作为原料。氨可以加工成胺与磺胺，是合成纤维及制药的重要原料；尿素不仅是高效肥料，而且又是制造塑料、合成纤维和医药的原料；在制碱、石油炼制和橡胶工业以及冶金、采矿、机械加工等工业部门，也都要用到氨或氨的加工品。

氨对于国防工业也十分重要，氨氧化可制成硝酸，在炸药工业中，硝酸是基本的原料，用硝酸做硝化剂可以制得三硝基甲苯、三硝基苯酚、硝化甘油及其他各种炸药；导弹、火箭的推进剂和氧化剂也需要氨。

此外，在食品、冷冻工业中，氨是最好和最常用的冷冻剂。

（3）合成氨的原料　合成氨的直接原料是氮气和氢气。氮气来源于空气，可以在低温下将空气液化分离得到，也可在制氢过程加入空气，氨的生产大多采用后者。

氢气的主要来源是水、碳氢化合物中的氢元素以及含氢的工业气体。

氮、氢原料气的生产，除需要含有氮氢元素的原料外，还需要提供能量的燃料。因此，工业生产所需的原料既有提供氮、氢的原料，也有提供能量的燃料。空气和水到处都有，取之容易，故一般合成氨生产原料不包括空气和水，主要有以下几种。

① 固体原料，如焦炭和煤。

② 气体原料，如天然气、油田气、焦炉气、石油废气、有机合成废气等。

③ 液体原料，如石脑油、重油、原油等。

常用的合成氨原料有焦炭、煤、焦炉气、天然气、石脑油和重油。

(4) 合成氨生产方法 目前氨合成的方法，由于采用的压力、温度和催化剂种类的不同，一般可以分为低压法、中压法和高压法三种。

① 低压法 操作压力低于 20MPa 的称低压法。采用活性强的亚铁氰化物作催化剂，但它对毒物很敏感，所以对气体中的杂质（CO，CO_2）要求特别严格。也可使用磁铁矿作催化剂，操作温度 450～550℃。该法的优点是由于操作压力和温度较低，对设备、管道的材质要求低，生产容易管理。但低压法合成率不高，合成塔出口气中含氨约 8%～10%，所以催化剂的生产能力比较低；同时由于压力低，必须将循环气冷却至 -20℃ 的低温才能使气体中的氨液化，分离比较完全，所以需要设置庞大的冷冻设备，使得流程复杂，且生产成本较高。

② 高压法 操作压力为 60MPa 以上的称高压法，其操作温度大致为 550～650℃。高压法的优点是氨合成的效率高，合成塔出口气中含氨达 25%～30%，催化剂的生产能力较大。由于压力高，一般用水冷的方法气体中的氨就能得到较完全的分离，而不需要氨冷，从而简化了流程，设备和流程比较紧凑，设备规格小，投资少，但由于在高压高温下操作，对设备和管道的材质要求比较高，合成塔需用高镍优质合金钢制造，即使这样，也会产生破裂。高压法管理比较复杂，特别是由于合成率高，催化剂层内的反应热不易排除而使催化剂长期处于高温下操作，容易失去活性。

③ **中压法** 操作压力为 20～35MPa 的称为中压法，操作温度为 450～550℃。中压法的优缺点介于高压法与低压法之间，但从经济效果来看，设备投资费用和生产费用都比较低。

氨合成的上述三种方法，各有优缺点，不能简单地比较其优劣。目前，世界上合成氨总的发展趋势多采用中压法，其压力范围多数为 30～35MPa。我国目前新建的中型以上的合成氨厂都采用中压法，操作压力为 32MPa。

(5) **合成氨生产过程** 合成氨的生产过程主要包括三个步骤，如图 5-3 所示。

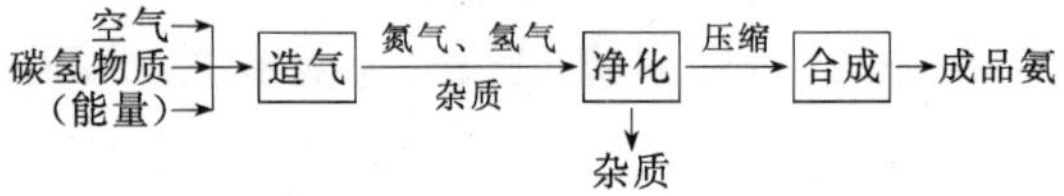

图 5-3 合成氨生产原则流程图

第一步是造气，即制备含有氢、氮的原料气；第二步是净化，不论选择什么原料，用什么方法造气，都必须对原料气进行净化处理，以除去氢、氮以外的杂质；第三步是压缩和合成，将纯净的氢、氮混合气压缩到高压，在铁催化剂与高温条件下合成为氨。

不同合成氨厂，生产工艺流程不尽相同，但基本生产过程包括以下工序。

① **原料气制备工序** 制备合成氨用的氢氮原料气。可将分别制得的氢气和氮气混合而成，也可同时制得氢氮混合气。

除电解水外，制取的氢、氮原料气都含有硫化物、一氧化碳、二氧化碳等杂质，这些杂质不仅腐蚀设备，而且是合成氨催化剂的毒物，因此，必须除去，制得纯净的氢氮混合气。

② **脱硫工序** 除去原料中的硫化物。

③ **变换工序** 利用一氧化碳与蒸汽作用生成氢和二氧化碳，除去原料气中大部分一氧化碳。

④ **脱碳工序** 经变换工序，原料气含有较多的二氧化碳，其中既有原料气制备过程产生的，也有变换产生的。脱碳是除去原料

气中大部分二氧化碳。

⑤ 精制工序　经变换、脱碳，除去了原料气中大部分的一氧化碳和二氧化碳，但仍含有 0.3%～3% 的一氧化碳和 0.1%～0.3% 二氧化碳，须进一步脱除以制取纯净的氢氮混合气。

⑥ 压缩工序　将原料气压缩到净化所需要的压力，分别进行气体净化，得到纯净的氢氮混合气，然后将纯净的氢氮混合气压缩到氨合成反应要求的压力。

⑦ 氨合成工序　在高温、高压和有催化剂存在下，氢气、氮气合成为氨。

在合成氨厂，原料气的制备也称为造气；而脱硫、变换、脱碳、少量一氧化碳及二氧化碳脱除等，则统称为原料气的净化。

可以说，合成氨生产是由原料气的制备、净化及氨的合成等步骤组成。

5.2.2　合成氨原料气制备与净化

(1) 造气　根据合成氨基础原料的不同，造气的方法主要有固体燃料气化法（煤或焦炭气化）、烃类蒸汽转化法（石脑油、天然气）、重油部分氧化法等。

① 固体燃料气化法　上节已述。

② 烃类蒸汽转化法　以石脑油和天然气为原料，通入水蒸气和空气在高温下进行反应，生成 N_2、H_2 和 CO、CO_2 等。详见 6.1 节。以天然气为原料合成氨，在工程投资、能量消耗和生产成本等方面具有显著的优越性。目前，大型合成氨厂多数以天然气为原料。

③ 重油部分氧化法　重油是 350℃ 以上馏程的石油炼制产品。重油部分氧化可制取合成氨原料气。重油先与氧气进行部分燃烧反应，放出的热量使碳氢化合物热裂解，在水蒸气作用下，裂解产物发生转化反应，制得以 H_2 和 CO 为主的合成氨原料气。

(2) 净化　包括脱硫、变换、脱碳、精制等几步。

① 原料气脱硫　一般合成氨原料气都含有少量的硫化物，主要是无机硫、硫化氢，其次为二硫化碳、硫氧化碳、硫醇、硫醚和噻吩等有机硫。

硫化物是各种催化剂的毒物，对甲烷转化和甲烷化催化剂、中温变换催化剂、低温变换催化剂、甲醇合成催化剂、氨合成催化剂的活性有显著影响；硫化物腐蚀设备和管道，给后续工序带来许多危害。

硫化物的脱除，工业上称为脱硫。脱硫方法有很多，按脱硫剂状态，分为干法脱硫和湿法脱硫两大类。

干法脱硫 是以固体吸收剂或吸附剂脱除硫化氢或有机硫，常用的有氧化锌法、钴钼加氢-氧化锌法、活性炭法、分子筛法等。干法脱硫效率高和净化度高，但是其为周期性操作，设备庞大，劳动强度高，脱硫剂不可再生或再生困难。因此，干法脱硫适用于硫含量较低、净化度要求较高的情况。

湿法脱硫 是采用液态脱硫剂吸收硫化物的脱硫方法。根据吸收的特点，湿法脱硫分为物理法、化学法和物理化学法。物理法是利用脱硫剂对硫化物的溶解作用将其吸收，如低温甲醇法；化学法是用碱性溶液吸收酸性气体硫化氢，吸收、再生过程发生各种化学反应，按反应过程的特点分为中和法和湿式氧化法；物理化学法是脱硫剂对硫化物的吸收既有物理溶解又有化学吸收，如环丁砜烷基醇胺法。

生产中广泛应用的是改良 ADA 法和氧化锌法。湿法脱硫的脱硫剂为液体，便于输送，易于再生和回收硫黄，适用于硫含量高的场合；但因其脱硫净化度低，在净化度高要求的场合，不能单独使用。

改良 ADA 法脱硫 化学吸收法中的湿式氧化法。ADA 是蒽醌二磺酸钠的英文缩写，最初是采用含有 ADA 的碳酸钠水溶液吸收 H_2S，后在溶液中添加适量的偏钒酸钠等，加快了反应速度，吸收效果良好，称为改良 ADA 法。

改良 ADA 法脱硫的反应过程如下。

a. 在脱硫塔中，pH 为 $8.5 \sim 9.2$ 的稀纯碱溶液吸收硫化氢，生成硫氢化物。

$$Na_2CO_3 + H_2S \longrightarrow NaHS + NaHCO_3$$

b. 液相中的硫氢化物与偏钒酸盐反应生成还原性焦钒酸盐，

析出单质硫。

$$2NaHS+4NaVO_3+H_2O \longrightarrow Na_2V_4O_9+4NaOH+2S$$

c. 还原性焦钒酸盐与氧化态的 ADA 反应，生成还原态 ADA，焦钒酸盐则被 ADA 氧化，再生成偏钒酸盐。

$$Na_2V_4O_9+2ADA(氧化态)+2NaOH+H_2O \longrightarrow$$
$$4NaVO_3+2ADA(还原态)$$

d. 在再生塔，还原态 ADA 被空气中的氧氧化成氧化态 ADA。

$$2ADA(还原态)+O_2 \longrightarrow 2ADA(氧化态)+2H_2O$$

再生后的脱硫剂循环使用。

反应 a 中消耗的碳酸钠，由 b 生成的氢氧化钠补偿。

$$NaOH+NaHCO_3 \longrightarrow Na_2CO_3+H_2O$$

溶液中的硫氢化物被 ADA 氧化的速度很缓慢，而被偏钒酸盐氧化的速度很快，在溶液中加入偏钒酸盐后，加快了反应速度。生成的焦钒酸盐不能直接被空气氧化，但可被氧化态 ADA 氧化，而还原态 ADA 能被空气直接氧化再生。因此，脱硫过程中 ADA 具有载氧体作用，偏钒酸钠具有促进剂的作用。

氧化锌法脱硫　属干法脱硫，净化后气体硫含量可降到 0.1mg 及以下，广泛用于精细脱硫。氧化锌可直接吸收硫化氢和硫醇。

$$H_2S+ZnO \longrightarrow ZnS+H_2O$$
$$C_2H_5SH+ZnO \longrightarrow ZnS+C_2H_4+H_2O$$
$$C_2H_5SH+ZnO \longrightarrow ZnS+C_2H_5OH$$

在氢存在时，二硫化碳与硫氧化碳在氧化锌的作用下，转化成硫化氢，然后被吸收转化成硫化锌。反应式为：

$$CS_2+4H_2 \longrightarrow 2H_2S+CH_4$$
$$COS+H_2 \longrightarrow H_2S+CO$$

氧化锌法不能脱除噻吩、硫醚，单独用氧化锌难以将有机硫化合物全部除尽。含有硫醚、噻吩等有机硫的气体，可采用催化加氢法（一般为钴钼加氢）将有机硫转化为 H_2S，再用氧化锌脱除。

② 一氧化碳变换　一般情况，合成氨原料气中均含有一氧化

碳。一氧化碳不是合成氨的直接原料，而且能使氨合成催化剂中毒，因此在送往合成工序前必须脱除。一氧化碳的脱除分两步，首先进行一氧化碳的变换，即用一氧化碳与水蒸气作用，生成氢气和二氧化碳。经变换大部分一氧化碳转化为易于除去的二氧化碳，并获得氢气。因此，一氧化碳变换既是原料气的净化过程，又是原料气制造的继续。少量的一氧化碳将在后续工序除掉。

变换反应设备为变换炉，反应在催化剂存在下进行。

$$CO + H_2O(g) \longrightarrow H_2 + CO_2$$

是一个可逆放热反应，低温有利于转化率的提高。工业生产中，根据反应温度的不同，变换过程分为中温变换（或称高温变换）和低温变换。中温变换使用的催化剂称为中温变换催化剂，反应温度为 $350 \sim 550℃$，反应后气体中仍含有 $2\% \sim 4\%$ 的一氧化碳。低温变换使用活性较高的低温变换催化剂，操作温度为 $180 \sim 260℃$，反应后气体中残余一氧化碳可降至 $0.2\% \sim 0.4\%$。

对重油和煤制氨工艺，采用冷激流程时，可用耐硫变换催化剂进行变换，该催化剂的活性温度为 $160 \sim 500℃$。该催化剂的使用不仅局限于耐硫变换，也可与中变催化剂串联使用，进行低温变换。

③ 二氧化碳脱除　经变换的原料气含有大量的二氧化碳，二氧化碳是制造尿素、碳酸氢铵和纯碱的重要原料。原料气在进合成工序前，必须将二氧化碳清除干净。因此，合成氨生产中，二氧化碳的脱除及其回收利用具有双重目的。习惯上，二氧化碳的脱除过程称为脱碳。

目前，脱碳多采用溶液吸收法。根据吸收剂性能不同，分为化学吸收和物理吸收两类。化学吸收法是二氧化碳与碱性溶液反应而被除去，常用的有改良的热钾碱法、氨水法和乙醇胺法。物理吸收法是利用二氧化碳比氢、氮在吸收剂中溶解度大的特性，用吸收的方法除去原料气中的二氧化碳，常用的有低温甲醇法、聚乙二醇二甲醚法和碳酸丙烯酯法。

a. 改良热钾碱法　改良热钾碱法也称本菲尔法，该法采用热碳酸钾吸收二氧化碳。

$$K_2CO_3 + CO_2 + H_2O \longrightarrow 2KHCO_3$$

碳酸钾溶液吸收二氧化碳后，应进行再生以使溶液循环使用，再生反应为：

$$2KHCO_3 \longrightarrow K_2CO_3 + H_2O + CO_2$$

产生的二氧化碳可回收利用。

加压利于二氧化碳的吸收，故吸收在加压下操作；减压加热利于二氧化碳的解吸，再生过程是在减压和加热的条件下完成的。

吸收溶液中，除碳酸钾之外，还有活化剂二乙醇胺，还加有缓蚀剂偏钒酸钾、消泡剂聚醚或硅酮乳状液等。近几年，美国 UOP 公司开发了一种可取代二乙醇胺新的活化剂 ACT-1。

b. 聚乙二醇二甲醚法　亦称谢列克索法，属于物理吸收。聚乙二醇二甲醚能选择性脱除气体中的 CO_2 和 H_2S，无毒，能耗较低。20 世纪 80 年代初，美国将此法用于以天然气为原料的大型合成氨厂，至今世界上仍有许多工厂采用。中国南化公司研究院开发的同类脱碳工艺（NHD 净化技术）在中型氨厂试验成功，NHD 溶液吸收 CO_2 和 H_2S 的能力均优于国外的 Selexol 溶液，而价格便宜，技术与设备全部国产化。

④ 原料气精制　经变换和脱碳的原料气中尚有少量残余的一氧化碳和二氧化碳，为防止对氨合成催化剂的毒害，原料气在送往合成工序以前，还需要进一步净化，精制后的气体中一氧化碳和二氧化碳总量要求小于 10mg/L（大型厂）和小于 30mg/L（中小型厂），此过程称为"精制"。精制方法常用的有三种。

a. 铜氨液洗涤法　常用溶液为醋酸铜氨液，简称铜液，主要成分是醋酸二氨合铜（I）[$Cu(NH_3)_2Ac$]、醋酸四氨合铜（B）[$Cu(NH_3)_4Ac_2$]、醋酸铵和游离氨。

吸收 CO 的反应为：

$$Cu(NH_3)_2Ac + CO + NH_3 \longrightarrow [Cu(NH_3)_3CO]Ac$$

吸收 CO_2 的反应为：

$$2NH_3 + CO_2 + H_2O \longrightarrow (NH_4)_2CO_3$$

生成的碳酸铵继续吸收 CO_2：

$$(NH_4)_2CO_3 + CO_2 + H_2O \longrightarrow 2NH_4HCO_3$$

上述反应均为可逆反应，低温、加压吸收，减压、加热再生。

b. 甲烷化法　甲烷化法是在催化剂作用下，少量一氧化碳和二氧化碳加氢生成对催化剂无害的甲烷，而使气体得到精制，反应如下：

$$CO + 3H_2 \longrightarrow CH_4 + H_2O$$
$$CO_2 + 4H_2 \longrightarrow CH_4 + 2H_2O$$

该法消耗氢，同时生成甲烷，只有当原料气中（$CO + CO_2$）的含量小于 0.7% 时，可采用此法。直到实现低温变换后，才为甲烷化精制提供了条件。甲烷化法工艺简单、操作方便、费用低，但合成氨原料气惰气含量高。

c. 液氮洗涤法　属物理吸收过程。液氮洗涤法在脱除一氧化碳的同时，也脱除了合成气中的甲烷、氢气等，可使合成气中 CO 和 CO_2 含量降至 10mg/L，CH_4 和 Ar 降至 100mg/L 以下，从而减少了氨合成系统的放空量。

工业上，液氮洗涤装置常与低温甲醇脱除 CO_2 联用，脱除 CO_2 后的气体温度为 $-53 \sim -62℃$，进入液氮洗涤的热交换器降温至 $-188 \sim -190℃$，进入液氮洗涤塔脱除 CO、CO_2、CH_4、Ar。

与铜洗法和甲烷化法相比，液氮洗涤法的优点是除脱除一氧化碳外，还可脱除甲烷和氢，惰性气体可降到 100mg/L 以下，减少了合成循环气的排放量，降低了氢氮损失，提高了合成催化剂的产氨能力。但此法需要液体氮，只有与设有空气分离装置的重油、煤气化制备合成氨原料气或焦炉气分离制氢的流程结合，才比较经济合理。实际生产中，液氮洗与空分、低温甲醇洗组成联合装置，冷量利用合理，原料气净化流程简单。

5.2.3　氨合成

氨的合成是在适当条件下，将精制的氢、氮混合气合成氨，再将生成的气态氨从混合气体中冷凝分离获得液氨产品的生产过程。

（1）基本原理　氨合成的化学反应式如下：

$$0.5N_2 + 1.5H_2 \longrightarrow NH_3(g)$$

氨合成反应是可逆、放热和体积缩小的，反应需要催化剂才能以较快的速率进行。

氨合成反应是可逆、放热、体积缩小的反应，根据平衡移动规律可知，降低温度，提高压力，有利于平衡向生成氨的方向移动。

① 平衡氨含量影响因素　反应达到平衡时氨在混合气体中的百分含量，称为平衡氨含量，或称为氨的平衡产率。平衡氨含量是给定操作条件下，合成反应能达到的最大限度。平衡氨含量与压力、温度、惰性气体含量、氢氮比例有关。

a. 温度和压力对平衡氨含量的影响　当氢氮比为 3 时，不同温度、压力下的平衡氨含量见表 5-1。

表 5-1　纯氢氮气（氢氮比为 3）的平衡氨含量/％（体积分数）

温度/℃	压力/MPa					
	0.101	10.13	15.20	20.26	30.39	40.52
350	0.84	37.86	46.21	52.46	61.61	68.23
380	0.54	29.95	37.89	44.08	53.50	60.59
420	0.31	21.36	28.25	33.93	43.04	50.25
460	0.19	15.00	20.60	25.45	33.66	40.49
500	0.12	10.51	14.87	18.81	25.80	31.90
550	0.07	6.82	9.90	12.82	18.23	23.20

由表 5-1 可知，当温度降低，压力升高时，平衡氨含量增加，有利于氨的生成，这与化学平衡移动原理得出的结论是一致的。

b. 氢氮比对平衡氨含量的影响　氢氮比（一般用 Y 表示）对平衡氨含量有显著影响，如图 5-4 所示。如不考虑组成对化学平衡常数的影响，$Y=3$ 时，平衡氨含量具有最大值，考虑组成对化学平衡常数的影响时，具有最大平衡氨含量的氢氮比略小于 3，其值随压力而异，约在 2.68～2.90 之间。

c. 惰性气体的影响　惰性气体指氢氮混合气中甲烷和氢等。由压力对反应平衡的影响可知，惰性气体的存在，降低了氢氮气的有效分压，使平衡氨含量下降。

② 氨合成反应速率的影响因素　影响氨合成反应速率的因素

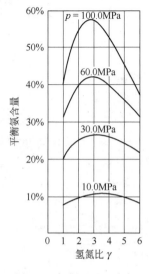

图 5-4 氢氮比对平衡氨
含量的影响

主要有压力、温度、氢氮比和惰性气体含量等。

a. 压力 氨合成正向反应速率与压力的 1.5 次方成正比，逆向反应速率与压力的－0.5 次方成反比，提高压力可加快总反应速率。

b. 温度 一般化学反应速率随温度的升高而加快。对于可逆放热反应过程，随着温度的升高，正、逆反应速率均增加。当温度较低时，反应离平衡较远，正向反应速率起决定作用，提高温度可加快总的反应速率。随着温度的提高，反应离平衡越来越近，逆向反应速率随温度升高迅速增大，而总反应速率增加量逐渐减少。当温度达到某一数值时，总反应速率达到最大值，若再提高温度，总反应速率反而减少。因此，压力及催化剂一定时，对应一定的气体组成，总有一个反应温度使此反应系统的反应速率最大，此温度为最适宜温度。合成反应操作应尽可能使反应温度接近最适宜温度，以使反应速率保持最快。

c. 氢氮比 由合成氨反应动力学特征可知，当其他条件一定时，在反应初期，氢氮比 $Y=1$，反应速率最快，随着反应进行，氨含量不断增加，欲保持反应速率最大，则最佳氢氮比也应随之增大，当反应趋于平衡时，最佳氢氮比接近于 3。

d. 惰性气体的影响 由可逆反应动力学原理可知，当温度、压力、氢氮比、氨含量一定时，随着惰性气体含量增加，正向反应速率减小，逆向反应速率增加，而总反应速率下降。

此外，催化剂活性和粒度对反应速率也有影响，一般来说，粒度减小，反应速率加快。

③ 氨合成的催化剂 目前，氨合成的催化剂主要是铁系催

化剂。

铁系催化剂的活性组分为 α-Fe。一般是经过精选的天然磁铁矿通过熔融法制备的，未还原前为 FeO 和 Fe_2O_3，其成分也可视为 Fe_3O_4，其中 FeO 占 24%～38%（质量分数）。

主要助催化剂有 K_2O，CaO，MgO，Al_2O，SiO_2 等。

催化剂的毒物主要有氧及氧的化合物（CO，CO_2，H_2O 等），硫及硫的化合物（H_2S，SO_2 等），磷及磷的化合物（PH_3）、砷及砷的化合物（AsH_3），卤素以及润滑油、铜氨液等。

（2）氨合成工艺条件　氨合成是一个可逆反应，一般情况下反应缓慢，只有在催化剂存在下，反应才能正常进行。优化工艺影响因素可充分发挥催化剂效能，使生产强度达到最大、消耗定额最低。

① 压力　压力对氨的合成反应非常重要，就催化剂而言，反应温度不可太低，由氨合成基本原理知道，提高压力对反应平衡及速率均有利，故氨的合成须在高压下进行。压力越高，反应速度越快，出口氨含量增加，反应器生产能力就越大，而且压力高，氨分离流程可以简化。例如，高压下分离氨只需水冷却。但是，高压下反应温度一般较高，催化剂使用寿命短，高压对设备材质、加工制造要求高。操作压力的选择主要依据是能量消耗以及包括能量消耗、原料费用、设备投资在内的综合费用。

能量消耗包括原料气压缩功、循环气压缩功和氨分离的冷冻功，图 5-5 表示合成系统能量消耗随操作压力的变化。

提高操作压力，原料气压缩功增加，循环气压缩功和氨分离冷冻功减少。总能量消耗在 15～30MPa 区间相差不大，且数值较小。压力过高，则原料气压缩功太大；压力过低，则循环气压缩功、氨分离冷冻功又太高。

实践表明，合成压力为 13～30MPa 是比较经济的。中小型氨厂一般选择 30MPa 的合成压力，大型氨厂采用蒸汽透平驱动高压离心式压缩机，从能量消耗考虑，采用 7.5～15MPa 的压力。国产催化剂的合成压力一般为 15MPa。

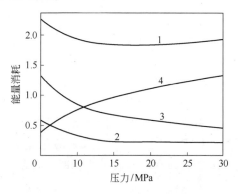

图 5-5　操作压力与能耗的关系

(以 15MPa 原料气压缩功为比较基准)

1—总能量消耗；2—循环气压缩功；3—氨分离冷冻功；4—原料气压缩功

② 温度　氨合成为可逆放热反应，存在最适宜反应温度。从基本原理已知，其他条件一定时，气体组成改变，最适宜温度改变。由于催化剂床层不同区间的气体组成不同，则对应有不同的最适宜温度，所有最适宜温度点的连线称为最适宜温度曲线。根据最适宜温度曲线随原料转化率变化趋势来看，反应初期的最适宜温度高，反应后期最适宜温度低，如图 5-6 所示。反应按最适宜温度进行，反应速率最快，催化剂用量最少，氨合成率最高，生产能力最

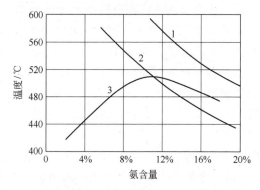

图 5-6　最适宜温度曲线图

1—平衡曲线；2—最适宜温度曲线；3—催化剂床层温度分布

大，但是实际生产中不可能完全按最适宜温度曲线操作。由于反应初期，氨含量低，合成反应速率高，实现最适宜温度应不是问题，但受条件的限制，实际上不能做到。例如，当合成塔入口气体中氨浓度为 4% 时，相应的最适宜温度已超过 600℃，超过了铁催化剂的耐热温度。此外，温度分布递降的反应器在工艺实施上也不尽合理，不能利用反应热使反应过程自热进行，还需另加高温热源，预热反应气体以保证入口温度。所以，实际生产中在催化剂床层的前半段不可能按最适宜温度操作，而是使反应气体达到催化剂活性温度的前提下（一般 350~400℃ 左右）进入催化剂层，先进行一段绝热反应过程，依靠自身的反应热升高温度，以达到最适宜温度，而在催化床床层下半段，才有可能使合成反应按最适宜温度曲线进行。

生产中应严格控制床层的入口温度和热点温度（催化床层中最高温度）。床层入口温度应等于或略高于催化剂活性温度下限，热点温度应小于或等于催化剂使用温度上限。生产后期由于催化剂活性下降，还应适当提高操作温度。

③ 空间速度　当合成塔及其操作压力、温度及进塔气体组成一定时，增加空间速度，即加快气体通过催化剂床层的速度，气体与催化剂的接触时间缩短，出塔气体中氨含量降低，即氨净值降低。氨净值降低的程度比空间速度的增大倍数要少，所以增加空间速度，氨合成生产强度（单位时间、单位体积催化剂所生产的氨量）提高。当气体中氢氮比为 3:1（不含氨和惰性气体）时，在 30MPa、500℃ 的等温反应器中反应，空间速度与出口氨含量和生产强度的关系见表 5-2。

表 5-2　空间速度与出口氨含量和生产强度的关系

空间速度/h^{-1}	1×10^4	2×10^4	3×10^4	4×10^4	5×10^4
出口氨含量/%	21.7	19.02	17.33	16.07	15.0
生产强度/[kg/(m³·h)]	1350	2417	3370	4160	4920

由表 5-2 可知，其他条件一定时，增加空间速度可提高生产强

度，但是空间速度增大，使系统阻力增大，压缩循环气功耗增加，分离氨需要的冷冻量也增大。同时，单位循环气量的产氨量减少，获得反应热相应减少，当反应热降低到一定程度时，合成塔就难以维持"自热"。

一般操作压力为 30MPa 的中压法合成氨，空间速度为15000～30000/h；为充分利用反应热，降低功耗并延长催化剂使用寿命，大型合成氨厂通常采用较低的空间速度，如操作压力 15MPa 的合成塔，空间速度为 5000～10000/h。

④ 合成气体的初始组成　包括氢氮比、惰性气体含量和初始氨含量三部分。

a. 氢氮比　从反应平衡的角度看，氢氮比为 3 时，平衡氨含量最大。从反应速率角度分析，最适宜的氢氮比随氨含量不同而变化。反应初期最适宜氢氮比 Y 为 1，随着反应的进行，如欲保持反应速率为最大值，最适宜的氢氮比将不断增大，氨含量接近平衡值时，最适宜的氢氮比趋近于 3。氨合成是按 3：1 的氢氮比消耗，反应初期若按最适宜氢氮比 $Y=1$ 投料，则混合气中的氢氮比将随反应进行而不断减少；若维持氢氮比不变，势必要不断补充氢气，这在生产上难以实现。生产实践表明，进塔气体氢氮比控制应略低于 3，2.8～2.9 比较合适，而新鲜气中的氢氮比应控制在 3，以免循环气中的氢氮比不断下降。

b. 惰性气含量　惰性气体来自新鲜气，惰性气体的存在会降低氢氮气的分压，对化学平衡和反应速度不利。随着合成反应的进行，不断补充新鲜气体，惰性气体留在循环气中，循环气中的惰性气体就会越来越多，因此必须排放少量循环气以降低惰性气体含量。惰性气体排放量增加，循环气中惰性气体含量降低，合成率提高，但部分氢和氮也随之排出，造成原料气损失增大。因此，循环气中惰性气体含量过高或过低都是不利的。

循环气中惰性气体含量的控制与操作压力、催化剂活性有关。操作压力较高及催化剂活性较好时，惰性气体含量可高一些，反之则低一些。如中压法惰性气体含量可控制在 16%～20%，低压法一般控制在 8%～15%。

c. 初始氨含量　在其他条件一定时，进塔气体中氨含量越高，氨净值就越小，生产能力越低。冷冻法分离氨，初始氨含量与冷凝温度和系统压力有关，若进口氨含量降得很低，则循环气温度需降得很低，冷冻功耗增大。因此，过多降低冷凝温度而增加氨冷负荷不可取。

一般操作压力 30MPa 时，进塔氨量控制在 3.2%～3.8%；15MPa 时为 2.0%～3.2%。采用水吸收法分离氨，初始氨含量可控制在 0.5% 以下。

（3）氨合成塔　氨合成塔是实现用氢和氮来合成氨的化学反应器。

① 氨合成塔应具备的基本条件　根据氨合成反应的工艺条件和物料性能等特点，氨合成塔应具备以下基本条件。

a. 氨合成反应在高压下进行，因此氨合成塔必须符合一般化工高压容器的特点。

b. 合成氨反应的原料气是氢和氮，选择合成氨塔的设备材质时，应注意高温、高压条件下氢和氮对设备的腐蚀问题。

c. 氨合成反应要在一定高温的适宜范围内进行催化反应，而且催化剂层的温度分布应尽量接近于理想的降温趋势，而合成反应又是放热反应。所以，首先塔内应设置换热器，用反应后的高温气体来预热进塔的低温原料气；其次氨合成塔的结构要便于温度的调节控制，并有适当的移出反应热措施，以保证适宜的温度分布。

d. 为了提高合成塔单位容积的生产能力，在设计合成塔时要用高效的热交换器（如螺旋板换热器或小口径的列管式换热器），减少热交换器的体积，增加催化剂筐的容积，多装催化剂。

e. 合成塔内的流体阻力要尽可能小，以避免因催化剂层和内件局部阻力过大而影响空间速度的增加或出现不利于安全生产的情况。

氨合成系统的容器还都要接触氢、氮等腐蚀性、易燃、易爆气体，为了保证安全生产，除筒体的结构设计、密封方面有特殊要求外，金属材料的选择也很重要。

氢、氮等气体在常温、常压下对大多数金属没有侵蚀作用，而在高温、高压下对金属材料，特别是氢对碳钢的腐蚀十分严重。造成腐蚀的原因一种是氢脆，氢溶解于金属晶格中，使钢材在缓慢变形时发生脆性破坏（只要将钢中的氢脱出后，其脆性便会消失，性能基本上可以恢复）；另一种是氢腐蚀，即氢分子或氢原子渗透到钢材的内部，使碳化物分解并生成甲烷。

$$Fe_3C + 2H_2 \longrightarrow 3Fe + CH_4$$
$$2H_2 + C \longrightarrow CH_4$$
$$4H + C \longrightarrow CH_4$$

反应生成的甲烷聚积于晶界微观孔隙中形成高压，导致应力集中，沿晶界出现破坏裂纹。若甲烷在靠近钢表面的分层或夹杂的缺陷中聚积，还可以出现宏观鼓泡。这些情况均使钢的结构遭到破坏，机械强度下降。氢腐蚀现象一般在温度超过221℃、氢分压大于1.41MPa时开始发生，而碳钢中含碳量越高，越容易发生氢腐蚀。氮主要是在高温、高压下与钢中的铁及其他很多合金元素生成硬而脆的氮化物，导致金属力学性能降低。

② 氨合成塔的结构　为防止氢腐蚀，一般氨合成塔由内件和外筒组成。

为了满足氨合成反应条件的要求，合理解决存在的矛盾，氨合成塔通常都由内件与外筒两部分组成，内件置于外筒之内。进入合成塔的气体先经过内件与外筒之间的环隙，内件外面设有保温层，以减少向外筒的散热。外筒主要承受高压（操作压力与大气压力之差），但不承受高温，可用普通低碳合金钢或优质的低碳钢制成，在正常情况下，寿命可达40～50年以上。内件虽然在500℃左右的高温下操作，但只承受环隙气流与内件气流的压差，一般仅1～2MPa，从而可降低对内件材料的要求，用合金钢制作即可。某些外筒内径在500mm左右的合成塔，采用含碳量在0.015%以下的微碳纯铁作内件材料，也可满足生产上的要求。

氨合成塔的内件包括以下几部分。

a. 催化剂筐　氨合成塔属固定床反应器，催化剂筐是装填催化剂的容器。由于氨合成反应时放出大量反应热，应有冷却装置。

b. 热交换器　进入合成塔的气体一般在 50℃以下，必须预热到 380℃以上才能进入催化剂层，因此，可采用与反应后加热气体进行间接换热的方式进行预热。

c. 电加热炉　是补充热量的装置，用于刚开车时，催化剂层处于"冷态"，没有热量放出，或催化剂处于氧化态的铁，还原时需要吸热时的加热。

d. 热电偶温度计　用于及时测量催化剂层的温度。

③ 氨合成塔的结构　按降温的方法不同，氨合成塔分为三类。

a. 冷管式　在催化剂层设置冷却管，反应前温度较低的原料气在冷管中流动，移出反应热，降低反应温度，并将原料气预热到反应温度。根据冷管的结构不同，分为双套管、三套管、单管等（如图 5-7 所示）。冷管式合成塔结构复杂，一般用于直径为 500～1000mm 的中小型氨合成塔。

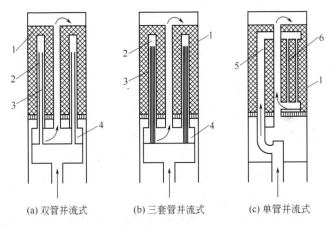

(a) 双管并流式　　　(b) 三套管并流式　　　(c) 单管并流式

图 5-7　轴向流动催化剂层冷管换热的几种形式

1—催化剂；2—外冷器；3—内冷管；4—分气盒；5—气体上升管；6—冷管

并流双套管　内冷管气体与外冷管气体先进行逆流换热，然后外冷管气体与催化剂层气体再进行并流换热。当气体在内冷管中自下而上流动时，温度不断升高，经内冷管顶端折入外冷管的环隙中自上而下流动。温度先升高，达最大值后再下降或者不下降，这要由催化剂床层传给环隙中气体的热量与环隙中气体传给内冷管中气体的热量之相对大小而决定。气流在中心管内温度略有升高，进入催化剂床层时，由于顶部设有绝热层，迅速升温，进入冷却层后，开始时继续升温，达热点温度（最适宜温度），然后因冷管移出反应热，温度逐渐下降。双管并流式内件结构可靠，操作稳定，热点以后较符合最适宜温度分布曲线。因此，在中压法合成塔内，这种换热方式沿用了相当长时间。但是，内冷管的逆流热交换效果比较显著，气流到达内冷管的上部温度已经比较高，影响了催化剂层上部的换热。

并流三套管 冷气体经合成塔下部热交换器预热后，进入分气盒的下室，分配到各冷管的内管，气体由内管上升至顶部，沿内、外管的环隙折流而下，通过外管与催化剂床层的气体并流换热，被预热到反应温度后经分气盒上室及中心管进入催化床层，进行反应。反应后气体进入热交换器，将热量传给进塔气后由塔底引出，床层的顶部不设置冷管为绝热层，反应热完全用于加热气体，使温度尽快达到最适宜温度，床层的中、下部为冷管层，可移出反应热，使反应按最适宜温度曲线进行。并流三套管由并流双套管演变而来，两者的差别在于并流双套管内冷管为单层，并流三套管的内冷管为双层，并流三套管双层内的冷管一端层间间隙焊死，形成"滞气层"。"滞气层"增大了内、外管间热阻，气体在内管温升小，使床层与内外管间环隙气体的温差增大，改善了床层的冷却效果。并流三套管床层温度分布较合理，催化剂生产强度高，结构可靠，操作稳定，适应性强；但是结构较复杂，冷管与分气盒占据较多空间，催化剂还原时，床层下部受冷管影响升温困难，还原不彻底。此类内件广泛用于直径为 800～1000mm 的合成塔。三套管式合成塔基本结构如图5-8所示。上、下部内件为合金钢材料。内件的上部为催化剂筐 2，筐的中心管 1 内垂直悬挂电加热炉 4，下部为热交换器 7，中间是分气盒 6，催化剂筐由合金钢板（或低碳钢、纯铁）焊接而成，外包石棉（或玻璃纤维）保温。筐内装有数十根冷管 3 及两根温度计套管 5。催化剂装填量与合成塔的直径和高度有关，一般可装约 2～4.5m³。内件的下部是热交换器 7，其内排列若干根小直径的热交换管，管中插有扭成麻花形而截面呈方形的铁棒，以使管内气速增加而提高传热效率。管间也装有挡板以增强传热效率。热交换器中央有一根冷副线管 8，由塔底副线来的气体由此直接送入催化剂层以调节反应层温度。

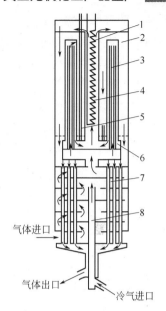

气体进口

气体出口

冷气进口

图 5-8 三套管并流内件示意图
1—中心管；2—催化剂筐；
3—冷管；4—电加热炉；
5—温度计套管；6—分气盒；
7—热交换器；8—冷副线管

合成塔内气体的流程：温度为 20～40℃的循环气由塔顶进塔，沿外筒与内件之间的环隙顺流而下（这样可以防止外筒内壁温度升高，减弱外筒内壁的脱碳现象，也使塔壁免受巨大的热应力，一般壁温小于 120℃），由塔下部进入热交换器管间，被管内高温反应后气体预热到 300℃以上，在中心管处与从塔底进入未经预热的副线气体混合一起，进入分气盒的下室，均匀分配到各冷管移出反应热，气体本身可加热至 380℃以上，经分气盒上室进入中心管（正常生产时，管中电加热炉可停用），从中心管上端出来即进入催化剂层，在适宜的压力、温度下进行氨合成反应。反应后的气体温度为 480～500℃，进入热交换器管内，将热量传给刚进塔的低温气体后，自身温度降至 230℃以下，从塔底引出。

单管并流式 冷气体经合成塔下部热交换器预热后，经 2 根（有的塔设 3 根）升气管送至催化剂床层上部的分气环内，分配至各冷管内自上向下流动，与催化剂层中由上而下流动的热气体并流换热，然后汇集至下集气管，经中心管进入催化剂床层进行反应，反应后的气体经热交换器降温后从塔底引出。单管并流合成塔冷管换热的原理、传热效果与三套管并流合成塔基本相同，催化剂层的温度分布也基本相似。不同的是以单管代替三套管，以几根直径较大的升气管代替三套管中几十根双层内冷管的输气任务，使冷管结构简化，取消了与三套管相适应的分气盒，因此塔内件紧凑，催化剂筐与换热器之间距离减小，塔的容积得到了有效利用。缺点是结构不够牢固，由于温差应力大，升气管、冷管焊缝容易裂开。

传统改进型 传统改进型内件冷管型内件普遍存在冷管效应，催化剂层调温困难，底部催化剂不易还原，塔阻力大，氨净值低以及余热利用率低等弊病。针对上述缺陷，科技人员进行了许多改进，改进型合成塔内件最典型的是ⅢJ型，如图 5-9 所示。

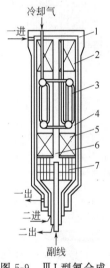

图 5-9 ⅢJ 型氨合成塔示意图
1—外筒；2—上绝热层；
3—冷管；4—冷管层；
5—下绝热层；
6—中心管；
7—换热器

催化剂床层中部设有冷管，将催化剂层分为上绝热层、冷却层和下绝热层，塔下部设有换热器。温度为 $30\sim40℃$ 的循环气分为两部分，一部分占总气量 $35\%\sim45\%$，经顶部两根导气管进入催化剂层中的冷管内，与催化剂层的高温气体换热后，沿导管由下而上到达催化剂层顶部；另一部分气体约占总气量 $55\%\sim65\%$，由塔上侧进入塔内（一进），沿塔外筒与内件间的环隙流至塔底，由下部五通出来（一出），进塔外热交换器被加热至 $170\sim180℃$，从五通进入塔（二进）下部换热器的管间，被反应后气体预热到反应温度，经中心管到达催化剂床层顶部。两部分气体在催化剂顶部汇合后进入催化剂床层，由上而下经过上绝热层、冷管层、下绝热层反应后，进入塔下换热器管内换热后，由塔底部引出（二出）。

这种塔的特点是高压容积利用率高，催化剂装填量多，塔温便于调节，温度分布合理，氨净值较高；缺点是仍保留了部分冷管。

　　b. 冷激式　将催化剂分为多层（一般不超过 5 层），气体经每层绝热反应后，温度升高，通入冷的原料气与之混合，温度降低后再进入下一层。冷激式结构简单，加入未反应的冷原料气，降低了氨合成率。一般多用于大型合成塔，近年来有些中小型合成塔也采用了冷激式。

　　图 5-10 为立式轴向四段冷激式氨合成塔（凯洛格型）示意图，外筒形状如瓶，上小下大，缩口部位密封，内件包括四层催化剂、层间气体混合装置（冷激管和挡板）和列管式换热器。气体从塔底封头接管 1 进入，经内外筒之环隙以冷却外筒，穿过催化剂缩口部分向上流过换热器 11 与上筒体 12 的环形空间，折流向上穿过换热器 11 管间，被加热到 400℃ 左右入第一层催化剂，反应后温度升至 500℃ 左右，在第一、二层间反应气与来自接管 5 的冷激气混合降温，而后进第二层催化剂。以此类推，最后气体由第四层催化剂层底部流出，而后折流向上穿过中心管 9 与换热器 11 的管内，换热后经波纹连接管 13 流出塔。该塔利用冷激气调节反应温度，操作方便，而且省去许多冷管，结构简单，内件可靠性好；筒体与内件上开设人孔，催化剂装卸不必将内件吊出，外筒密封在缩口处。缺点是瓶式结构虽便于密封，但合成塔封头焊接前须将内件装妥，塔体较重，运输和安装均较困难；由于内件无法吊出，维修与更换零件极为不便。

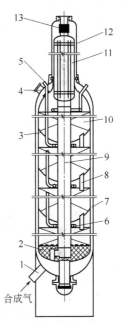

图 5-10　轴向冷激式
氨合成塔
1—塔底封头接管；2—氧化
铝球；3—筛板；4—人孔；
5—冷激气接管；6—冷激
管；7—下筒体；8—卸料
管；9—中心管；10—催化
剂筐；11—换热器；12—上
筒体；13—波纹连接管

针对上述缺陷，老塔进行技术改造，推出一批新的内件形式，如托普索 S-200 型二床层径向层间换热式、卡萨里轴径向四床层冷激式和三床层二冷激一层间换热式、凯洛格二床层轴向分流层间换热式等内件。新建大型氨厂中的凯洛格低能型工艺采用卧式中间冷却式合成塔，具有较低的阻力降。布朗工艺采用 3 台（或 2 台）绝热合成塔组合，塔外设置的高压废热锅炉副产蒸汽。托普索公司还推出新的 3 床层 S-250 型设计，可获得更高的氨净值。

c. 间接换热式　将催化剂分为几层，层间设置换热器，上一层反应后的高温气体，进入换热器降温后，再进入下一层进行反应。此种塔的氨净值较高，节能降耗效果明显，近年来在生产中应用逐渐广泛，并成为一种发展趋向。

按气体在塔内的流动方向，合成塔可分为轴向塔和径向塔，气体沿塔轴向流动的称为轴向塔；沿半径方向流动的称为径向塔。

中、小型氨厂一般采用冷管式合成塔，如三套管、单管式等。近年来开发的新型合成塔，塔内既可装冷管，也可采用冷激，还可以应用间接换热，既有轴向塔也有径向塔。大型氨厂一般为轴向冷激式合成塔。

（4）氨合成工艺流程　工业上采用的氨合成工艺流程虽然很多，而且流程中设备结构操作条件也各有差异，但实现氨合成过程的基本步骤是相同的，都必须包括以下几个步骤：氮、氢原料气的压缩并补充到循环系统；循环气的预热与氨的合成；氨的分离；热能的回收利用；对未反应气体补充压力，循环使用；排放部分循环气以维持循环气中惰性气体的平衡等。

流程设计在于合理地配置上述几个步骤，以便得到较好的技术经济效果，同时在生产上稳妥可靠。因此，对下述问题应特别注意合理安排确定。

为使气体达到氨合成时所要求的压力，需将经过精制净化除去有害成分的氢氮混合原料气经压缩机进行压缩，由于压缩后气体中夹带油雾，新鲜气的引入及循环压缩机的位置均不宜在氨合成塔之前，而须经滤油器除油后再引入合成塔。同时循环压缩机还应尽可能设置在流程中气量较小、温度较低的部位，以降低功耗。为避免气体带油，目前已推广无油润滑的往复式压缩机或采用离心式压缩机，以便从根本上解决气体带油问题，并使流程简化。

氢氮混合气体需预热到接近反应温度后进入催化剂层，才能维持氨合成反应的正常操作，反应前的氢氮混合气是用反应后的高温气体预热的。这种换热过程一部分在催化剂床层中通过换热装置进行，另一部分在催化剂床层外的换热设备中进行。合成过程中的反应热有很大回收价值，还可以在反应器之外设置废热锅炉来副产蒸汽。

进入氨合成塔的氢氮混合气，一次通过催化剂层的单程转化率是有限的，大部分氢氮气并没有反应，所以必须将出合成塔气体中的氨分离出来，得到纯净的氨产品，同时将未反应的氢氮气体送入合成塔循环使用。图 5-11 是氨合成的原则工艺流程。

图 5-11　氨合成原则工艺流程

从氢氮混合气体中分离氨的方法大致有两种。

水吸收法　氨在水中溶解度很大，与溶液成平衡的气相氨分压也很小，因而用水吸收法分离氨的效果良好。但是气相也会被水蒸气饱和，为防止催化剂中毒，循环气需严格脱除水分后才能循环送入合成塔。水吸收法得到的产品是浓氨水，若要制取液氨还必须经过氨水蒸馏及气氨冷凝等步骤而消耗一定的能量，所以工业上用该法分离氨的较少。

冷凝法　由于气氨容易液化，在压力条件下，采用一般降温的方法就可使气氨液化成液氨，而循环气中其他气体由于沸点很低，仍呈气态，所以可使氨从中分离出来。但冷凝法不可能达到百分之百氨分离的目的，氨的液化分离效率与温度、压力及分离器结构等因素有关。例如操作压力在 45MPa 以上时，用水冷却降温即能使氨冷凝；操作压力在 20～30MPa 时，水冷降温仅能分出部分氨，气相尚含氨 7％～9％，需进一步以液氨做冷冻剂降温到 0℃ 以下，才能使气相中的氨含量降至 2％～4％，以符合循环气回合成塔使用的条件。

一般含氨混合气体的冷凝分离是经水冷却器和氨冷却器两步实现的（冷却用的液氨由冷冻循环供给，或直接利用一部分产品液氨）。液氨在氨分离器中与循环气体分开，减压送入贮槽。贮槽压力一般为 1.6～1.8MPa，此时，冷凝过程中溶解在液氨中的氢、氮气及惰性气体大部分可减压释放出来。

在合成塔中参加反应的原料氢氮量可用氨合成率来表示（氨合成率是参加反应的氢氮量占反应前氢氮量的百分数），一般氨合成率只有 25％，因而有 75％ 的氢氮气体未参加反应，工业上一般都采用循环法来回收这部分未反应的氢氮混合气。经分离氨后的循环气用循环压缩机补充压力，与新鲜原料气汇合，重新进入合成塔进行反应。循环压缩机进出口压差（即气体增压）约为 2～3MPa，它说明了整个合成循环系统阻力降的大小。采用循环法操作时，新鲜原料气中的氢和氮会连续不断地合成为氨，而惰性气体除一小部分溶解于液氨中被带出外，大部分会在循环气中积累下来。因此，在工业生产中，常采用放空的方法，即将一部分含惰性气体较高的循环气体连续或间断地排出氨合成系统，以维持循环气体中惰性气体含量稳定。

常见的氨合成系统工艺流程为两次分离液氨产品的中型氨厂工艺流程如图 5-12 所示。在该类流程中，新鲜气与循环气均用往复式压缩机加压，设置水冷器与氨冷器两次分离产品液氨，氨合成反应热仅用于预热进塔气体。如图 5-12 所示，由压缩机送来的新鲜氮氢混合气先进入滤油器 1 与循环压缩机 7 来的循环气汇合，在滤油器内除去这两部分气体的油、水等杂质，同时，新鲜气带入的微量 CO_2 和 H_2O 也会与循环气中的 NH_3 作用生成碳酸氢铵结晶（NH_4HCO_3），一并在滤油器中除去。从滤油器出来的气体，温度为 30～50℃，进入冷凝塔 2 上部的热交换器管内，在此处被从冷

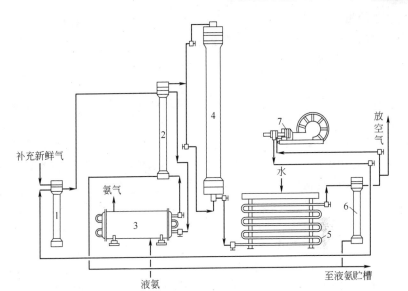

图 5-12　中型氨厂合成系统常用流程

1—油分离器；2—冷交换塔；3—氨冷器；4—氨合成塔；5—水冷器；

6—氨分离器；7—循环器

凝塔下部氨分离器上升的冷气体间接降温到 10～20℃，然后进入氨冷器 3，在氨冷器内，气体在高压盘管内流动，液氨在管外蒸发而吸取了热量。管内气体进一步被冷却至－5～5℃，并使循环气体中的气氨进一步冷凝为液氨。氨冷器蒸发后的气氨可送冰机，经压缩冷凝成液氨。从氨冷器出来带有液氨的循环气，进入冷凝塔下部的氨分离器，以分离液氨。在此，气体中残存的微量水蒸气、油及碳酸氢铵，也被液氨洗涤随之除去。除氨后的循环气上升至上部热交换器的管间，被管内的热气体预热至 20～40℃ 出冷凝塔，分两路进入合成塔 4，一路是主线（大量）经主阀由塔顶入塔，另一路副线（其量由反应温度需要而定）经副阀从塔底进入，作调节催化剂层温度之用。进合成塔的循环气中，含氨量约 2.8%～3.8%。

自合成塔出来的气体，温度在 230℃ 以下，含氨量 13%～17%，经水冷器 5 间接冷却至 25～50℃，使大部分气氨初步液化。

从水冷器出来带有液氨的循环气，进入氨分离器 6 分离液氨。在氨分离器的气体出口管上设有放空管，可排放惰性气体。从氨分离器出来的气体进入循环压缩机 7，经压缩补偿系统压力损失以后，又开始下一循环，如此实现连续生产。同时，从氨分离器和冷凝塔不断地分离出液氨。经减压至 1.6～1.8MPa，由液氨管道送往液氨贮槽。

该类流程是我国中、小型合成氨厂普遍采用的工艺流程，合成压力 2.8～3.4MPa。随着合成氨生产技术的不断改进，在流程中主要的改进措施如图 5-13 所示，为副产蒸汽的氨合成流程图。如增加中置式锅炉 2，利用合成塔出口高温气体中的反应热副产蒸汽，充分回收热能；改进设备结构，将冷交换器 6、氨冷器 7、氨分离器 8 一起安装在同一个高压容器内组成一个"三合一"的设备，使高压设备结构、流程布置等都更加紧凑，在一定程度上可提高设备生产能力；采用透平式循环压缩机，免去了压缩机使循环气流带油和水的问题。

两次分离液氨产品的流程具有如下特点。

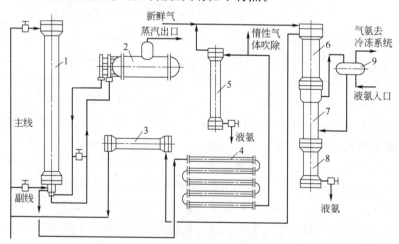

图 5-13　副产蒸汽的氨合成流程图

1—氨合成塔；2—中置式锅炉；3—透平式循环气压缩机；4—水冷器；5—氨分离器；

6—冷交换器；7—氨冷器；8—氨分离器；9—液氨补充槽

　　a. 流程中考虑了物料充分利用的措施。将反应的原料氢、氮气与产品氨分离后循环使用，提高了原料的利用率；为了维持系统中惰性气体含量稳定，循环系统中要不断排放一定量的气体，而放空气体的位置设在惰性气体含量最高而氨含量较低的部位，减少了产品氨和原料气的损耗。

　　b. 流程中多处采用了充分利用反应热，合理地节约能量的措施。反应器内部设置热交换器，用高温反应后气体来间接预热低温的原料气，是反应热效应的合理利用方案。反应器外设废热锅炉，进一步回收反应后气体中热能并副产蒸汽，更充分地回收了反应热。根据加压下氨易于液化的特点，第一次氨分离用能耗低的冷却水使循环气降温，可将大部分成品氨冷凝分离，从而减轻了第二次氨分离用液氨汽化而使循环气再次降温分离液氨时消耗的能量，两次氨分离的流程能合理地节约能量。二次氨分离的冷凝塔采用了交叉换热的方案来预热原料气，能量利用合理。

　　c. 循环压缩机位于第一、二次氨分离之间，循环气温度较低，有利于压缩作业。改用无油压缩机后的流程，压缩机在第二次氨分离之后，温度更低、更为有利。

　　d. 新鲜原料气在滤油器中补入，除了可除去油和水以外，在第二次氨分离时还可以进一步达到净化原料气的目的。

5.2.4　尿素生产

　　尿素，化学名称为碳酰二胺，分子式为 $CO(NH_2)_2$，相对分子质量为 60.06。纯尿素呈白色，无臭、无味。工业产品为白色或淡黄色。

　　尿素主要用作化肥，为中性肥料，含氮量为 46.65%，在所有的化肥中最高，长期使用不会使土质板结；尿素也是高聚物合成材料、医药工业等的化工原料。

　　(1) 尿素合成反应　合成尿素反应在液相中分两步进行。

　　第一步，液氨与 CO_2 反应生成中间化合物氨基甲酸铵（简称甲铵）。

$$2NH_3 + CO_2 \longrightarrow NH_2COONH_4$$

该反应是快速、强放热反应，且平衡转化率很高。

第二步，甲铵脱水生成尿素。

$$NH_2COONH_4 \longrightarrow CO(NH_2)_2 + H_2O$$

该反应是慢速微吸热的可逆反应，且需要在液相中进行，一般甲铵脱水是反应的控制步骤，其转化率一般在 $50\% \sim 70\%$。

合成尿素的总反应式为：

$$2NH_3 + CO_2 \longrightarrow CO(NH_2)_2 + H_2O$$

合成尿素的副反应主要是缩合和水解反应：

$$2CO(NH_2)_2 \longrightarrow NH_2CONHCONH_2 + NH_3$$

$$CO(NH_2)_2 + H_2O \longrightarrow NH_2COONH_4$$

甲铵脱水是反应的控制步骤，反应为吸热反应，一般在较高温度下进行，约在 $185 \sim 200℃$ 之间。甲铵是一种不稳定的化合物，加热易分解，生产中须保证甲铵不分解。由于高温下甲铵的离解压力很高，所以，要在高压下进行反应。

（2）尿素的生产方法　工业上用二氧化碳与氨合成尿素，由于反应物不能完全转化，未反应物需要回收。回收方式很多，早期有不循环法和部分循环法，现均采用全循环法。

全循环法是尿素合成后，未转化的氨和二氧化碳经多段蒸馏和分离后，以各种不同形式全部返回合成系统循环利用。

无论何种全循环法，尿素生产的基本工艺相同，分为四个基本步骤：氨与二氧化碳的供应与净化；氨与二氧化碳合成尿素；尿素熔融液与未反应物质的分离与回收；尿素熔融物的加工。

目前，工业上采用水溶液全循环法及气提法。

① 水溶液全循环法　尿素合成未反应物氨和 CO_2，经减压加热分解分离后，用水吸收成甲铵溶液，然后循环回合成系统，称为水溶液全循环法。自 20 世纪 60 年代起迅速得到推广，在尿素生产中占有很大的优势，至今仍在完善提高。典型的有荷兰斯塔米卡本水溶液全循环法、美国凯米科水溶液全循环法及日本三井东压的改良 C 法及 D 法等。我国中小型尿素厂多数采用水溶液全循环法。水溶液全循环法典型工艺流程如图 5-14 所示。

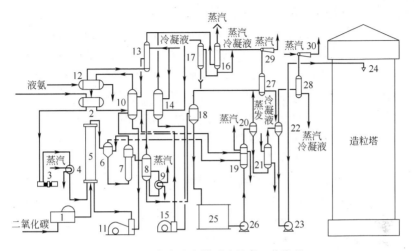

图 5-14　水溶液全循环法尿素工艺流程

1—CO₂ 压缩机；2—液氨缓冲槽；3—高压氨泵；4—液氨预热器；5—尿素合成塔；

6—预分离器；7——段分解塔；8—二段分解塔；9—二段分解加热器；

10——段吸收塔；11——段甲铵泵；12—氨冷凝器；13—惰性气洗涤器；

14—二段吸收塔；15—二段甲铵泵；16—尾气吸收塔；17—解吸塔；

18—闪蒸槽；19——段蒸发加热器；20——段蒸发分离器；

21—二段蒸发加热器；22—二段蒸发分离器；23—熔融尿素泵；

24—造粒喷头；25—尿液贮槽；26—尿液泵；27——段蒸发

表面冷凝器；28—二段蒸发表面冷凝器；29——段蒸发

喷射器；30—二段蒸发喷射器

CO₂ 压缩至 20MPa，温度约 125℃，送往合成塔。NH₃ 经高压泵及预热器，在 90℃下也送入塔内，NH₃ 与 CO₂ 比为 4 左右。一段吸收塔的甲铵溶液经甲铵泵后也送入合成塔。这三股物流在合成塔内混合并反应，约有 55％的 CO₂ 转化为尿素。合成塔压力 20MPa，反应温度 185～195℃。

含有尿素、未转化的甲铵、过剩氨和水的混合溶液出合成塔后，减压到 1.7～1.8MPa，进入预分离器进行气液分离。由预分离器出来的溶液，因膨胀汽化，温度有所下降，进入一段分解塔加热分解。

将一段分解塔分出的气体也导入预分离器，一并引入一段蒸发加热器下部。在蒸发加热器中，部分气体冷凝，因而放出热量使尿液蒸发。自蒸发器上部出来的气体，导入一段吸收塔底部鼓泡吸收。在此约有 95％气态 CO_2 和全部水蒸气被吸收生成甲铵溶液。未被吸收的气体，在塔内与液氨缓冲槽来的回流液氨逆流接触，将 CO_2 全部吸收。纯气态的氨离开一段吸收塔进入氨冷凝器被冷凝后存于缓冲槽，供 CO_2 吸收使用。

氨冷凝器的不凝组分，在惰性气体洗涤器中残氨被二段蒸发冷凝液完全吸收。氨水增浓后进入一段吸收塔顶。

来自二段吸收塔的甲铵溶液，用甲铵泵送入一段吸收塔中部。在一段吸收塔内，甲铵增浓后，由一段甲铵泵送入合成塔底。

一段分解塔的溶液，减压至 $0.3～0.4MPa$ 进入二段分解塔加热，分离出的液体送入闪蒸槽；气体进入二段吸收塔底，被二段塔顶来的二段蒸发冷凝液吸收。二段吸收塔塔顶气和惰性气洗涤器的顶部气混合，进入尾气吸收塔，由蒸汽冷凝液循环回收。回收增浓的液体，送入解析塔。解析后的气体引入二段吸收塔底部。

二段分解塔下的溶液，在减压后进入闪蒸槽，在 $41kPa$ 的真空度下部分汽化，除去部分水和溶解的氨，使尿液增浓。增浓后的溶液进入蒸发系统，一段蒸发器的浓度到 96％。一段蒸发器的汽液分离器分离的蒸汽，与闪蒸槽的上部蒸汽一并进入一段蒸发表面冷凝器冷凝。此冷凝液送去吸氨。一段尿素溶液蒸发器的操作真空度为 $56～58kPa$。

蒸发工序的第二段蒸发器把尿素溶液浓度提高到 99.7％，温度约 $140℃$，溶液送去造粒。二段蒸发器的操作真空度约 $95～96kPa$。

造粒塔下的尿素，在沸腾床冷却器中冷却，经皮带送至包装与储仓工序。

水溶液全循环法工艺可靠、设备材料要求不高、投资较低，缺点是反应热没能充分利用，一段甲铵泵腐蚀严重，甲铵泵的制造、操作、维修比较麻烦；为了回收微量的 CO_2 和氨气，使流程变得过于复杂。

② 气提法　是用气提剂如 CO_2、氨气、变换气或其他惰性气体，在一定压力下加热并气提合成反应液，促进未转化的甲铵分解。

$$NH_4COONH_2 \longrightarrow 2NH_3(g) + CO_2(g)$$

是吸热、体积增大的可逆反应，只要有足够的热量，并能降低反应产物中任意组分的分压，甲铵的分解反应就一直向右进行。气提法就是利用这一原理，当通入 CO_2 气时，气相中 CO_2 分压接近于 1，而氨的分压趋于 0，致使反应不断进行。同样，用氨气提也有相同的结果。

根据通入气体介质不同，分为 CO_2 气提法、NH_3 气提法和变换气气提法等。交换气气提法典型工艺流程如图 5-15 所示。

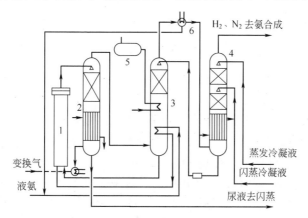

图 5-15　变换气气提法流程

1—尿素合成塔；2—气提塔；3—吸收塔；4—氨回收塔；

5—汽包；6—过剩氨冷凝器

气提法的合成塔操作压力 $20 \sim 22$MPa，温度 $180 \sim 195$℃，氨碳比为 $4 \sim 5$，水碳比为 $0.9 \sim 1.0$，其他参数基本与上述方法相同。

变换气气提法对未反应物的回收处理方法是：将合成塔上部导出的尿素合成液减压至 $4.5 \sim 6$MPa，自气提塔顶喷下，在塔内与逆流上升的变换气接触。塔压 $4.5 \sim 6$MPa，160℃，甲铵分解率为 $90\% \sim 95\%$。塔底尿素溶液送去闪蒸，闪蒸操作为常压，113~

115℃，甲铵分解率可达 98.8％，未转化物被彻底分离。

出气提塔的气体在吸收塔中，被氨回收塔送来的液体吸收，吸收液返回合成塔。氨回收塔用蒸发工序的冷凝液和闪蒸冷凝液吸收，塔底液作为吸收塔的吸收液。

变换气气提法的优点如下。

a. 流程简单，分解率高。与闪蒸操作一并计算，甲铵的分解率高达 98.8％，后续的低压分解工序被取消，流程简单化。

b. 热利用率高。变换气的显热被利用，吸收塔下部还回收甲铵生成和冷凝的热量，产生部分低压蒸汽。特别是免除了反复的加热分解所耗费的热量。

c. 系统操作压力低。变换气仅为 4～6MPa。

较之其他气提法，变换气气提塔底排出的甲铵溶液温度较高，水碳比低，因而腐蚀较为严重。气提法工艺是当前尿素合成生产中重要的技术改进，与水溶液全循环法相比，具有流程简化、能耗低、生产费用低、单系列大型化和运转周期长等优点。

5.2.5 硝酸生产

硝酸是基本化学工业中的重要产品之一，可用于制造化肥、炸药及作为有机化工产品的原料，特别是染料的生产。

目前，硝酸主要是用 NH_3 催化氧化来生产的，产品有稀硝酸（含量为 45％～60％）和浓硝酸（含量为 96％～98％）。

(1) 稀硝酸生产 用氨催化氧化的方法制硝酸主要有三个步骤。

① 氨的氧化 从氨合成工段来的氨气和空气按一定比例混合，在铂网催化剂的作用下生成一氧化氮，其反应为：

$$4NH_3 + 5O_2 \longrightarrow 4NO + 6H_2O$$

② 一氧化氮继续氧化生成二氧化氮 氨催化氧化后的气体中主要是 NO、H_2O 以及没有参加反应的 N_2、O_2，将该气体冷却降温到 150～180℃，NO 继续氧化便可得到二氧化氮，反应为：

$$2NO + O_2 \longrightarrow 2NO_2$$

③ 二氧化氮气体的吸收水吸收二氧化氮气体生成硝酸和一氧化氮，反应如下：

$$3NO_2 + H_2O \longrightarrow 2HNO_3 + NO$$

从上式可以看出，用水吸收的 NO_2，只有 2/3 生成硝酸，还有 1/3 转化为 NO。要利用这部分 NO，必须使其氧化为 NO_2，氧化后的 NO_2 仍只有 2/3 被吸收，因此吸收后的尾气必有一部分 NO 排空，需要治理，否则污染环境。

工业上，氨的催化氧化一般是在铂系催化剂存在下进行，铂系催化剂具有良好的选择性，既能加快氨氧化反应和一氧化氮氧化反应，又能抑制其他副反应。纯铂具有催化能力，但强度较差，若采用含铑 10% 的铂铑合金，不仅使机械强度增加，而且比纯铂的活性更高。但铑价格昂贵，因此多采用铂、铑、钯三元合金，常见组成为铂 93%、铑 3%、钯 4%。

根据操作压力的不同，氨氧化制稀硝酸工艺分为常压法、全加压法和综合法。

a. 常压法　氨氧化和氮氧化物的吸收均在常压下进行。该法压力低，氨的氧化率高，铂消耗低，设备结构简单，吸收塔可采用不锈钢，也可采用花岗石、耐酸砖或塑料，缺点是成品酸浓度低，尾气中氮氧化物浓度高，需经处理才能放空，吸收容积大，占地多，故投资大。

b. 全加压法　又分为中压（0.2～0.5MPa）与高压（0.7～0.9MPa）两种。氨氧化及氮氧化物吸收均在加压下进行。该法吸收率高，成品酸浓度高，尾气中氮氧化物浓度低，吸收容积小，能量回收率高。但加压下的氨氧化率略低，铂损失较高。

c. 综合法　氨氧化与氮氧化物的吸收在两个不同压力下进行，该法可分为常压氧化、中压吸收及中压氧化、高压吸收两种流程。此法集中了前两种方法的优点，氨消耗、铂消耗低于全高压法，不锈钢用量低于中压法。如果采用较高的吸收压力和较低的吸收温度，成品酸含量一般可达 60%，尾气中氮氧化物含量低于 0.02%，不经处理即能直接放空。

图 5-16 所示为氨常压氧化、0.35MPa 压力下吸收的综合法工艺流程。

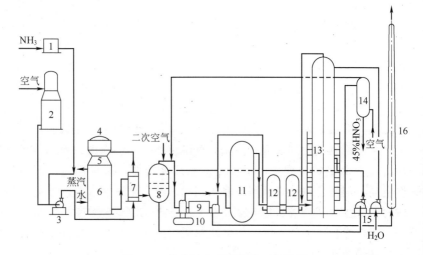

图 5-16　综合法生产稀硝酸工艺流程

1—氨过滤器；2—空气净化器；3—氨-空气鼓风机；4—纸板过滤器；5—氧化炉；
6—废热锅炉；7—空气预热器；8—气体冷却器；9—透平压缩机；
10—中间冷却器；11—氧化器；12—尾气预热器；13—吸收塔；
14—漂白塔；15—泵；16—排气筒

　　空气和氨气分别经净化器后，在鼓风机入口混合后被鼓入预热器，使温度由 35℃ 上升到 65～75℃，再经纸板过滤器进一步净化，进入氧化炉中进行催化氧化，反应温度为 800～820℃，高温氮氧化物气体直接进入废热锅炉回收热量，使气体温度降至 150～170℃，然后经氨-空气预热器后，温度降至 100～110℃，再分两路进入两个并联的气体冷却洗涤器，气体被冷却到 45～50℃，气体中残存的氨被洗下。

　　冷却后的气体进入透平压缩机，经两段压缩后，气体压力升至 0.35MPa，温度升至 140～145℃，而进入氧化器。在此，NO 大部分氧化成 NO_2，由于反应放热，气体温度升至 180～190℃，NO 氧化所需的一部分氧是来自透平压缩机入口补加的二次空气和漂白空气。然后氮氧化物气体进入两个串联的尾气预热器，使其温度降至 90～100℃，进入吸收塔。

在吸收塔内气体自下而上，依次通过多层筛板，与塔板上硝酸溶液中的水作用生成硝酸，最后气体从塔顶排出。吸收塔的水由塔顶加入，流经各层筛板吸收氮氧化物，在各层板上生成浓度不同的硝酸，最后至塔底形成浓度合格的硝酸，此硝酸借本身压力送至漂白塔，除去溶解的氮氧化物后，最后送至酸库。

从吸收塔顶出来的尾气，其压力已由 0.35MPa 降至 0.24MPa，温度 35℃，为回收其能量，先将尾气送至尾气预热器与高温氮氧化物气体换热，温度升至 150～160℃，然后进入透平压缩机回收能量。经计算可回收约 40％能量。尾气回收能量以后，压力降至 0.12MPa 左右，温度约 60℃，排入大气。

(2) 浓硝酸生产　工业上制造浓硝酸有两种方法，即浓缩稀硝酸法和直接合成法。

① 浓缩稀硝酸法　常压法生产的硝酸浓度不超过 50％，加压法也不超过 60％，即都是稀硝酸。而稀硝酸是 HNO_3 与 H_2O 组成的二元混合物，该混合物存在一最高恒沸点，在 0.1MPa 下，最高恒沸点为 120.05℃，相应的 HNO_3 浓度是 68.4％，即从稀硝酸精馏最多能得到浓度为 68.4％的 HNO_3。

为了制造 98％～99％的浓硝酸，需借助于脱水剂，脱水剂与水的结合力比硝酸与水的结合力要大得多，它的加入形成了 HNO_3、H_2O 及脱水剂组成的三元混合物，沸腾时，其液面上的水蒸气分压大大降低，HNO_3 蒸汽分压则大大增加，因此，可以获得浓硝酸。

工业上常用的脱水剂是碱土金属的硝酸盐（如硝酸镁、硝酸钙）和浓硫酸。

② 直接合成法　直接合成浓硝酸的总反应为：

$$2N_2O_4 + 2H_2O + O_2 \longrightarrow 4HNO_3$$

本方法仍以氨为原料，关键要先制得液体 N_2O_4，工业上主要方法有两种。

a. 蒸汽-氧法　在蒸汽存在下使氨与纯氧燃烧，然后将产物 NO 氧化并将水分离。留下的几乎是 100％的氮氧化合物，再将其冷却变为液态。此法简单，但电和氧的消耗很大。

b. 吸收法 此法的氨氧化过程与稀硝酸法相同，而主要区别在于，首先将氮氧化物气体经快速冷却，除去大量水；其次使 NO 先与空气中的氧氧化，残余的 NO 再用浓硝酸氧化：

$$NO + 2HNO_3 \longrightarrow 3NO_2 + H_2O$$

这样，氧化度可达 99%。最后将 NO_2 或 N_2O_4 冷却便得到液态 N_2O_4。

5.3 氯碱生产

5.3.1 概述

(1) 氯碱工业的产品 氯碱工业是用电解食盐水溶液的方法生产烧碱、氯气和氢气以及由此衍生系列产品的基础化学工业。它不仅能为化学工业提供原料，氯碱工业产品也广泛用于国民经济各部门，对国民经济和国防建设具有重要的作用。

① 烧碱（NaOH） 烧碱是基本化工原料"三酸两碱"中的一种，最早用于制肥皂，后来又用于造纸、纺织、印染等部门。随着制铝工业和石油化学工业的发展，烧碱的用途逐渐扩大，成为国民经济中的重要化工原料之一。

② 氯（Cl_2） 氯及主要氯产品最早用于制造漂白粉。目前漂白粉逐渐被液氯、次氯酸钠、漂粉精（主要成分是次氯酸钙）等产品所取代。后来又发展了高效漂白剂，还有氯代异氰尿酸及其盐类。目前常用作消毒及漂白的仍为无机氯产品，如水消毒用氯，纺织及造纸工业漂白用次氯酸钠和亚氯酸钠。在各种氯的主要产品中，用于生产聚氯乙烯所消耗的氯在各个国家中基本均为首位；氯产品中居氯的第二大用量的则是各种含氯溶剂（如 1,1,1-三氯乙烷、二氯乙烷等）；其他主要氯产品还有丙烯系列的衍生物，如环氧丙烷（因为是用氯醇法生产，间接消耗大量氯）和环氧氯丙烷，并用于生产聚氨醋泡沫塑料，以及氯丁橡胶、氟氯烃（用以生产制冷剂和聚四氟乙烯），在生产氯产品过程中还常同时得到副产品盐酸。

③ 氢（H_2） 氢是氯碱工业的副产物，但若利用得好，经济效益也很可观。氢常用于合成氯化氢制取盐酸和生产聚氯乙烯，还用于植物油加氢生产硬化油，生产多晶硅等金属氧化物的还原和炼钨以及有机化合物合成的加氢反应等。

（2）氯碱工业的生产技术 食盐水溶液电解法制取烧碱、氯气和氢气主要有三种方法。

① 隔膜法（简称 D 法） 隔膜法电解是利用多孔渗透性的隔膜材料作为隔层，把阳极产生的氯与阴极产生的氢氧化钠和氢分开，以免它们混合后发生爆炸和生成氯酸钠。由于过程产生的氯和烧碱是强腐蚀性物质，因此阳极材料和隔膜材料的选择是隔膜法工业生产的关键问题。

隔膜法电解槽制得的电解液含 NaOH 10％～12％左右（质量），因此需要用蒸发装置来浓缩，消耗大量蒸汽。蒸发后可获得含 NaOH 50％（质量）的液碱，但仍含有 1％（质量）的 NaCl。该法的总能耗比较高，而且石棉隔膜寿命短又是有害物质。

② 水银法（简称 M 法） 水银电解槽由电解室和解汞室组成。在汞阴极上进行 Na^+ 的放电生成金属钠，立即与汞作用得到钠汞齐。

$$Na^+ + nHg + e \longrightarrow NaHg_n$$

钠汞齐从电解室排出后，在解汞室中与水作用生成氢氧化钠和氢气：

$$NaHg_n + H_2O \longrightarrow NaOH + \frac{1}{2}H_2 + nHg$$

由于在电解室中产生氯气，在解汞室中产生氢氧化钠和氢气，因而就很好地解决了阳极产物和阴极产物分开的问题。

水银法的优点是电解槽流出的溶液产物中 NaOH 浓度较高，可达 50％（质量），不需蒸发增浓。产品质量好，含盐低，约 0.003％（质量）。但是水银是有害物质，应尽量避免使用，因此水银法已逐渐被淘汰。

③ 离子交换膜法（简称 IEM 法） 离子交换膜法是在应用了美国开发出的化学性能稳定的全氟磺酸阳离子交换膜之后，日本首

先工业化生产的氯碱新工艺。该法用离子膜将电解槽的阳极室和阴极室隔开，在阳极上和阴极上发生的反应与一般隔膜法电解相同，但离子膜的性能好，不允许 Cl^- 透过。因此，阴极室得到的烧碱纯度高，其电能和蒸汽消耗与隔膜法和水银法比可节约 $20\%\sim25\%$，而且建设投资费、解决环境保护等方面均优于其他方法。因此，离子膜法是氯碱工业的发展方向。

三种电解方法的比较见表 5-3。

表 5-3　三种电解法比较

比　较　项　目	隔膜法	水银法	离子膜法
投资/%	100	100～90	85～75
能耗/%	100	95～85	80～75
运转费用/%	100	105～100	95～85
NaOH 浓度(质量)/%	10～12	50	32～35
50%(质量)NaOH 中含盐(质量)/%	1	约 0.003	约 0.003

氯碱工业的发展趋势体现在两个方面。一方面是氯产品的发展是氯碱工业发展的主要推动力，氯产品的发展过程主要是由无机氯产品向有机氯产品的方向变化。另一方面是电解生产方法的发展趋势，其核心设备——电解槽的发展总趋势受环保和节能两个主要因素所制约。因为离子膜法能耗低，质量高，又无汞和石棉的污染，将是氯碱工业的发展方向。近年来国际上新建工厂基本上都采用离子膜法。

（3）氯碱工业的特点　氯碱工业的特点除原料易得，生产流程较短之外，还体现在三个方面。

① 能源消耗大。主要是用电量大，其耗电量仅次于电解法生产铝。因此，电力供应情况和电价对氯碱工业产品成本影响很大。同时氯碱工业如何提高电解槽的电解效率和碱液蒸发热能利用率，开辟节能新途径是具有重要意义的问题。

② 氯与碱的平衡。电解食盐水溶液的过程得到的烧碱与氯气的产品质量比恒定为 1：0.88，但一个国家或一个地区对烧碱和氯

气的需求量随着化工产品生产的变化，工业发达的不同程度，不一定就是 1:0.88，会出现某产品过剩或某产品短缺的现象。所以烧碱和氯气的平衡始终成为氯碱工业发展中的矛盾问题。

③ 腐蚀和污染。氯碱工业的产品烧碱、氯气、盐酸等均具有强腐蚀性，因此制造设备使用的材料的防腐蚀问题以及由于原材料石棉、汞、含氯废气等物料可能对环境造成的污染问题，一直都是氯碱工业努力改进的方向。

5.3.2 氯碱生产

（1）食盐水溶液电解的基本原理

① 食盐水电解主反应 食盐水溶液中主要有四种离子，即 Na^+、Cl^-、OH^- 和 H^+。当直流电通过食盐水溶液时，阴离子向阳极移动，阳离子向阴极移动。当阴离子到达阳极时，在阳极放电，失去电子变成不带电的原子；同理，阳离子到达阴极时，在阴极放电，获得电子也变成不带电的原子。离子在电极上放电的难易不同，易放电的离子先放电，难放电的离子不放电。

在阳极上发生的主反应是氯离子在阳极上放电生成氯气：

$$2Cl^- - 2e \longrightarrow Cl_2 \uparrow$$

在阴极上发生的主反应是在铁阴极上生成 H_2 和 OH^-

$$2H_2O + 2e \longrightarrow H_2 \uparrow + 2OH^-$$

所以电解食盐水溶液的主反应是：

$$2NaCl + 2H_2O \longrightarrow Cl_2 \uparrow + H_2 \uparrow + 2NaOH$$

② 食盐水电解副反应 电解过程的副反应是由于阳极液中溶解了氯，氯与水发生水解反应生成次氯酸和盐酸而引起的（Cl_2 在氯化钠水溶液中的溶解度随 NaCl 浓度的增加和温度升高而降低）。

首先氯的水解按如下方程式进行：

$$Cl_2（水溶液）+ H_2O \longrightarrow HClO + H^+ + Cl^-$$

生成的次氯酸（强氧化剂、酸性非常弱）不影响电解反应的进行，当阳极液呈酸性时以游离态 HClO 存在；若阴极室 OH^- 由于扩散或迁移作用少量进入阳极液中，可中和 H^+，而 HClO 仍游离存在；但当 OH^- 浓度升高时，就会与 HClO 反应生成次氯酸盐：

$$HClO + OH^- \longrightarrow ClO^- + H_2O$$

（如 $HClO + NaOH \longrightarrow NaClO + H_2O$）

次氯酸盐在碱性溶液中很稳定，但在酸性溶液中会生成氯酸盐：

$$2HClO + ClO^- \longrightarrow ClO_3^- + 2Cl^- + 2H^+$$

（如 $2HClO + NaClO \longrightarrow NaClO_3 + 2HCl$）

此外，如果 ClO^-/Cl^- 之比值变大，由于 ClO^- 比 Cl^- 的放电电位低，ClO^- 会在阳极上放电生成 ClO_3^-，同时产生 O_2。

$$12ClO^- + 6H_2O - 12e \longrightarrow 4ClO_3^- + 8Cl^- + 12H^+ + 3O_2 \uparrow$$

而且该反应随 OH^- 和 ClO^- 浓度的增加而加剧，以上副反应都将导致有效氯的损失。生成的 ClO_3^- 是强氧化剂，很难在阴极上还原，会造成电流效率下降，氯气中含 O_2 量增加，阴极流出的电解碱液中混入 $NaClO_3$。

若 $NaClO$ 进入阴极，可能被还原生成 $NaCl$。

$$NaClO + 2[H] \longrightarrow NaCl + H_2O$$

若再有 OH^- 扩散到阳极的量增多，在阳极附近 OH^- 浓度升高，就可能导致 OH^- 在阳极上放电而析出新生态 $[O]$，然后生成氧分子。

$$4OH^- - 4e \longrightarrow 2[O] + 2H_2O \longrightarrow O_2 \uparrow + 2H_2O$$

如果使用石墨电极，石墨细孔内的 OH^- 放电产生的新生态氧，就会使石墨阳极被氧化腐蚀并降低了氯纯度。

$$C + 2[O] \longrightarrow CO_2 \uparrow$$

$$2C + 2[O] \longrightarrow 2CO \uparrow$$

此外，若盐水中硫酸根含量较高，也会促进石墨阳极的消耗，但对金属阳极影响不大。

综上所述，由于副反应的产生造成的不良后果有：消耗了电解产物 Cl_2 和 $NaOH$；降低了电流效率，增加了电的消耗和石墨阳极的消耗；降低了电解产物的质量。

（2）隔膜法电解食盐水

隔膜法电解食盐水溶液的电解槽通常使用石墨或涂 RuO_2-TiO_2 的金属阳极及铁阴极，阳极室和阴极室用隔膜隔开。电解原理如图 5-17 所示。

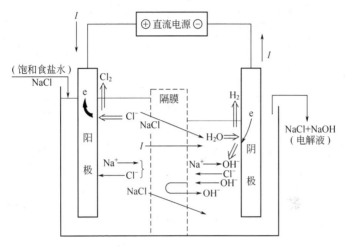

图 5-17 立式隔膜电解槽示意图

饱和食盐水注入阳极室，使阳极室液面高于阴极室液面，阳极液以一定的流速通过隔膜流入阴极室，并阻止 OH^- 从阴极室向阳极室的反迁移。当电解槽的阳极和阴极与直流电源相连接构成电流回路时，在电极与电解质溶液的界面上发生电极反应。

在实际生产中，为减少副反应而采取如下措施。

① 采用经过精制处理的饱和食盐水溶液，控制较高的电解温度以减少 Cl_2 在阳极液中的溶解度。

② 保持隔膜的多孔性和良好的渗透率，使阳极液正常均匀地透过隔膜，阻止两极产物的混合和反应。

③ 保持阳极液面高于阴极液面，用一定的液面差促进盐水的定向流动而阻止 OH^- 由阴极室迁移扩散到阳极室。

隔膜法电解食盐水溶液制氯碱的工艺一般由盐水的制备与精制、电解、氯气的处理、氢气的处理、电解碱液的蒸发等工序（有的工厂还有液氯和固碱工序）组成。电解工序的工艺流程如图5-18所示。

由盐水工序送来的精盐水进入盐水高位槽 1，槽内盐水的液位

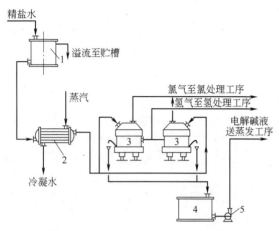

图 5-18　隔膜法电解工序流程示意图

保持恒定，以保证电解槽进料量稳定。从高位槽流出的精盐水先经盐水预热器 2 加热到约 70℃之后进入电解槽 3，电解槽内反应温度约为 95℃左右。电解槽的个数应与直流电源的电压相适应，电解槽之间串联组合。电解生成的氯气导入氯气总管送到氯气处理工序，氢气导入氢气总管送到氢气处理工序，电解液导入总管，汇集在电解液集中槽 4 中，再送往蒸发工序。

电解槽的操作应严格执行安全技术规程，防止漏电，以避免因漏电而导致管道被腐蚀。

氯气输送管路大多数是由衬胶钢管、陶瓷和塑料制成。而且氯气导管安装应略有倾斜，以便水蒸气冷凝液能够流出。氯气导管中还设有纳氏泵或透平机抽送氯气，保持阳极室有 -20～100Pa 的真空度。

氢气导出管线的管路也和氯气导出管一样有些倾斜，以利于冷凝液流出。氢气由鼓风机吸出，保持阴极室中有比阳极室大 200Pa 左右的正压力。氢气必须正压，以防止空气被抽入氢气管道引起氢氧混合气体爆炸。同时为防止氢气进入阳极室造成氧中含氢升高而发生爆炸，故阳极室液位不能低于规定的液位。

为了有效地利用电解过程释放出来的反应热效应，通常将从电解槽抽出的氢气与电解原液精盐水在氢气冷却器中进行间接换热。这样既节省了预热盐水用的蒸汽，又节约了冷却氢气的冷却水。其节能效果依槽型不同而异，据某氯碱厂计算其经济效果为每吨烧碱可节省蒸汽 200kg。

（3）离子膜法电解食盐水　离子膜电解原理如图 5-19 所示。

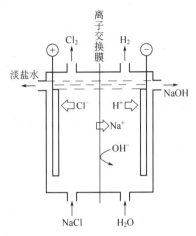

图 5-19　离子膜电解原理

离子膜将电解槽分成阳极室和阴极室两部分，从阳极室加入的饱和食盐水中的 Na^+ 通过离子膜进入阴极室，部分氯离子在阳极放电，生成氯气逸出，NaCl 的消耗导致盐水浓度降低，所以阳极室有淡盐水导出；阴极室加入一定的净水，在阴极上 H^+ 放电并析出 H_2，而 H_2O 不断地被离解成 H^+ 和 OH^-，OH^- 无法穿透离子膜，在阴极室与 Na^+ 结合生成 NaOH，形成的 NaOH 溶液从阴极室流出，其含量为 32%～35%，经浓缩得成品液碱或固碱。

目前，国内外使用的离子交换膜是耐氯碱腐蚀的阳离子交换膜，膜内部具有较复杂的化学结构，膜内存在固定离子（离子团）和可交换的对离子两部分。

现以美国杜邦公司的 Nafion 膜为例，介绍离子膜选择透过性原理。该离子膜的固定离子团是磺酸基—SO_3^- 或羧基—COO^-，

可交换的正离子是 Na^+。图 5-20 所示为离子膜选择透过性示意图。

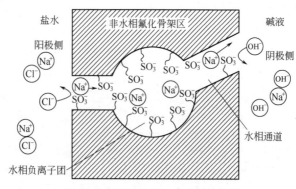

图 5-20　离子膜选择透过性示意图

从微观角度看，离子膜是多孔结构物质，由孔和骨架组成，孔内是水相，固定离子团（负离子团）之间有微孔水道相通，骨架是含氟的聚合物。

离子膜内孔存在许多固定的负离子团，在电场作用下，阳极室的 Na^+ 被负离子吸附并从一个负离子团迁移到另一个负离子团，这样，Na^+ 从阳极室迁移到阴极室。离子膜内存在着的负离子团，对阴离子 Cl^- 和 OH^- 有很强的排斥力，尽管受电场力作用，阴离子有向阳极迁移的动向，但无法通过离子膜。Cl^- 只在阳极放电并析出 Cl_2，OH^- 与 Na^+ 结合形成 $NaOH$。若阴极室碱溶液浓度太低，膜内的含水量增加使膜膨胀，OH^- 有可能穿透过离子膜进入阳极室，导致电流效率降低。

影响离子膜性能降低的主要因素如下。

① 钙和镁正离子在电场作用下易进入离子膜内，形成沉积物，堵塞微孔通道，要求钙、镁离子总和低于 2×10^{-8}。

② 为稳定操作，膜内的负离子团的数目要相对保持稳定，电解液温度不宜过高，碱液浓度不宜过浓，避免出现脱水现象，在膜内产生结晶，造成膜的永久性损坏。

③ 溶液碱浓度过低而温度较高时，在膜的界面处也可能出现积水"起泡"现象，甚至使两层膜（离子膜一般由两层膜压合而成）分开，失去离子膜的性能。

离子膜法电解食盐水溶液制取氯气和烧碱的生产工艺流程如图5-21 所示。流程分为四个部分：一次盐水精制、二次盐水精制、电解槽、烧碱蒸发装置。

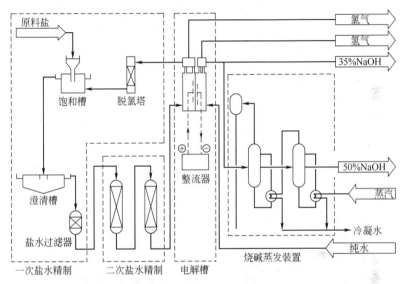

图 5-21　离子膜法电解食盐水溶液生产工艺流程

原料食盐加入饱和槽，将循环使用的低浓度盐水增浓为饱和盐水，然后加入少量 NaOH、Na_2CO_3，使饱和盐水中的杂质析出来，并在澄清槽中沉淀分离。为保证一次精制效果，澄清槽流出的清液还要经过盐水过滤器，使盐水中悬浮物小于 0.0001%。过滤清液再经串联的两个螯合树脂塔除去其中的钙、镁，经过二次盐水精制的饱和盐水溶液可以加入到电解槽的阳极室。与此同时，纯水和碱液一同加到阴极室（正常生产时只加纯水）。通入直流电后，在阳极室产生氯气和低浓度盐水，经分离器分离，氯气输送到氯气总管，淡盐水一般含 NaCl 200～220g/L，经脱氯塔脱去溶解 Cl_2

后送饱和塔循环使用。电解槽的阴极室产生氢气和 $30\% \sim 35\%$ 的液碱，同样经分离器分离后，氢气送氢气总管。$30\% \sim 35\%$ 的液碱可作商品出售，也可送到烧碱蒸发装置蒸浓为 50% 的液碱。

5.3.3 盐酸生产

（1）盐酸生产原理　合成盐酸分两步：氯气与氢气作用生成氯化氢；再用水吸收氯化氢生产盐酸。合成氯化氢的反应如下。

$$Cl_2 + H_2 \longrightarrow 2HCl$$

此反应若在低温、常压和没有光照的条件下进行，其反应速度非常缓慢，但在高温和光照的条件下，反应非常迅速，放出大量热。氯气与氢气的合成反应必须很好地控制，否则会发生爆炸。

由于反应后的气体温度很高，因此，在用水吸收之前必须冷却。当用水吸收氯化氢时，也有很多热量放出，放出热量使盐酸温度升高，不利于氯化氢气体的吸收，因为溶液温度越高，氯化氢气体的溶解度就越低，因此，生产盐酸必须要有移热措施。

（2）盐酸合成工艺条件

① 温度　氯气和氢气在常温、常压、无光的条件下反应进行得很慢，当温度升至 $440℃$ 以上时，即迅速化合，在有催化剂的条件下，$150℃$ 时就能剧烈化合，甚至达到爆炸。所以，在温度高的情况下可反应完全。一般控制合成炉出口温度 $400 \sim 450℃$。

② 氯氢配比　氯化氢合成，理论上氯和氢的摩尔比是 $1:1$。实际生产中，为了制取不含 Cl_2 的盐酸，往往使氢气过量，一般控制在氢气过量 $5\% \sim 10\%$；如果氯气供应过量，会造成设备腐蚀、产品质量下降、环境污染等不利情况；但如果氢过量太多，则有爆炸的危险。

③ 原料纯度　绝对干燥的氯气和氢气是很难反应的，而有微量水分存在时可以加快反应速度，水分是促进氯与氢反应的媒介。一般认为，如果水含量超过 0.005%，则对反应速度没有多大的影响。

（3）盐酸合成炉与工艺

① 合成炉　合成盐酸的炉型主要分为两大类：铁制炉和石

墨炉。

铁制炉耐腐蚀性能差，使用寿命短，合成反应难以利用，操作环境较差，目前采用较少。

石墨炉分二合一石墨炉和三合一石墨炉。二合一石墨炉是将合成和冷却集为一体，三合一石墨炉是将合成、冷却、吸收集为一体。三合一石墨炉分为合成段和吸收段。

一般，石墨合成炉是立式圆筒形石墨设备，由炉体、冷却装置、燃烧反应装置、安全防爆装置、吸收装置、视镜等附件组成。图 5-22 所示为三合一石墨炉的一种。

石英燃烧器（也叫石英灯头）安装在炉的顶部，向内喷出火焰。合成段为一圆筒状，由酚醛浸渍的不透性石墨制成，设有冷却水夹套，炉顶有一环形的稀酸分配槽，内径与合成段筒体相同。从分配槽溢出的稀酸沿内壁向下流，一方面冷却炉壁，另一方面与氯化氢接触，形成浓度稍高的稀盐酸作吸收段的吸收剂。与合成段相连的吸收段由 6

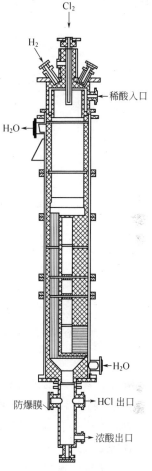

图 5-22　A 型三合一石墨炉

块相同的圆块孔式石墨元件组成，其轴向孔为吸收通道，径向孔为冷却水通道。为强化吸收效果，增加流体的扰动，每个块体的轴向孔首末端加工成喇叭口状，并在块体上表面加工有径向和环形沟槽，经过上一段吸收的物料在此重新分配进入下一块体，直至最下面的块体。未被吸收的氯化氢，经下封头气液分离后去尾气塔，成品盐酸送往贮槽。

② **工艺流程** 三合一石墨炉法的工艺流程，如图 5-23 所示。

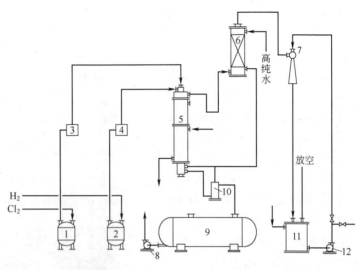

图 5-23 三合一石墨炉法流程图

1—氯气缓冲罐；2—氢气缓冲罐；3—氯气阻火器；4—氢气阻火器；
5—三合一石墨炉；6—尾气塔；7—水力喷射器；8—酸泵；
9—酸贮罐；10—液封罐；11—循环酸罐；12—循环泵

　　来自氯氢处理的氯气和氢气分别经过氯气缓冲罐 1、氢气缓冲罐 2、氯气阻火器 3、氢气阻火器 4 和各自的流量调节阀，以一定的比例进入石墨合成炉 5 顶部的石英灯头。氯气走石英灯头的内层，氢气走石英灯头的外层，两者在石英灯头前混合燃烧，化合成氯化氢。生成的氯化氢向下进入冷却吸收段，从尾气塔来的稀酸从合成炉顶部进入，经分布环成膜状沿合成段炉壁下流至吸收段，经再分配流入块孔式石墨吸收段的轴向孔，与氯化氢一起顺流而下。同时，氯化氢不断地被稀酸吸收，气体中的氯化氢浓度变得越来越低，而酸浓度越来越高，最后未被吸收的氯化氢经石墨炉底部的封头，进行气液分离，浓盐酸经液封罐 10 流入盐酸贮槽 9，未被吸收的氯化氢进入尾气塔 6 底部。高纯水从尾气塔顶部喷淋，吸收逆流而上的氯化氢成为稀盐酸，从顶部进入石墨炉。从尾气塔顶出来的尾气用水力喷射器 7 抽走，经循环酸罐分离，不凝废气排入大气。下水经水泵打往水力喷射器，往复循环一段时间后可作为稀盐酸出售，或经碱性物质中和后排入下水道，或作为工业盐酸的吸收液。生成氯化氢的燃烧热及氯化氢溶解热由石墨炉夹套冷却水带走。

5.4 硫酸生产

5.4.1 概述

（1）硫酸的性质与用途　硫酸是三氧化硫和水的化合物。纯硫酸（H_2SO_4）是一种无色透明的油状液体，相对密度为 1.8269。工业硫酸是 SO_3 和 H_2O 以一定比例混合的溶液。

硫酸有无水硫酸、含水硫酸、发烟硫酸之分。无水硫酸是指其组成中 SO_3 对 H_2O 的分子比率等于 1；分子比率小于 1 的是含水硫酸；分子比率大于 1 的，是三氧化硫在无水硫酸中的溶液，这种硫酸的 SO_3 蒸汽压力较大，暴露在空气中能释放出三氧化硫，并与空气中的水蒸气结合而形成白色的酸雾，故称之为发烟硫酸。

在生产中，硫酸浓度的表示法，是以其中所含 H_2SO_4 质量分数来表示的。发烟硫酸的浓度，是以其中所含游离 SO_3 的质量分数来表示。例如把浓度为 98% 的硫酸简称为 "98 酸"，同样把 20% 发烟硫酸称为 "104.5% 酸" 或简称 "105 酸"，即含有 20% 游离 SO_3 的发烟硫酸每 100kg 可折算为 100% 硫酸 104.5kg。同样 65% 发烟硫酸简称为 "115 酸"。工业硫酸的组成见表 5-4。

硫酸水溶液和发烟硫酸能形成 6 种结晶状态的化合物。结晶温度最低的是 93.3% 硫酸，结晶温度为 −38℃。高于或低于此浓度的硫酸其结晶温度都高。98% 硫酸结晶温度是 0.1℃，99% 硫酸结晶温度是 5.5℃。因此，为了减少硫酸和发烟硫酸在冬季或严寒地区的运输和储藏过程中结晶的可能性，商品硫酸的品种应该具有较低的结晶温度，一般可将产品浓度调整在 93% 左右，结晶温度约在 −35℃ 左右。

表 5-4　工业硫酸的组成

名　称	H_2SO_4（质量%）	SO_3/H_2O（摩尔比）	组　成%	
			SO_3	H_2O
93%硫酸	93.00	0.713	75.92	24.08
98%硫酸	98.00	0.903	80.00	20.00
无水硫酸	100.00	1.000	81.63	18.37
20%发烟硫酸	104.50	1.300	85.30	14.70
65%发烟硫酸	114.62	3.290	93.57	6.43

　　硫酸水溶液的密度随硫酸的含量增加而增大，于98.3%时达到最大值，之后递减；发烟硫酸的密度也随其中游离 SO_3 的含量增加而增大，SO_3（游离）达62%时为最大值，继续增加游离 SO_3 含量，发烟硫酸的密度则减小。生产中往往可以通过测定硫酸的温度和密度来计算硫酸浓度，并进行生产操作控制和产量计算。

　　硫酸含量在98.3%以下，其沸点随着浓度的升高而增加。含量为98.3%的硫酸沸点（338.8℃）最高，而100%的硫酸则在279.6℃的温度下沸腾。硫酸溶液的浓度随着蒸发而提高，达到98.3%后含量保持恒定，不再升高。发烟硫酸的沸点随着游离 SO_3 的增加，由279.6℃逐渐降至44.4℃。

　　一般说来硫酸和发烟硫酸的黏度，随其浓度的增加而加大，随其温度的下降而增加。浓硫酸在管道中输送时，由于黏度高，管道输进时的动力消耗增大，对硫酸和管壁之间的传热速度也有显著的影响。此外，黏度还会影响盐类和金属在硫酸中的溶解速度等。

　　硫酸具有强酸的通性，能与碱、金属及金属氧化物生成硫酸盐；硫酸与氨及其水溶液反应，生产硫酸铵；硫酸与其他酸类盐反应，生成较弱和较易挥发的酸；在有机合成中，硫酸可作磺化剂；浓硫酸是强脱水剂，蔗糖或纤维能被浓硫酸脱水，生成游离的碳。浓硫酸还能严重地破坏动植物的组织，如损坏衣物和烧伤皮肤等。

硫酸是十分重要的基本化工原料，在国民经济各部门有着广泛用途。

在化学工业，硫酸用量最大的是生产化学肥料，主要是磷铵、重过磷酸钙、硫铵等的生产，约消耗硫酸产量的一半。

对于无机化学工业，硫酸是生产各种酸类和盐类的原料。

有机化学工业方面，它又是生产塑料、人造纤维、染料、油漆、制药等生产中不可缺少的原料，农药、除草剂等的生产也都离不开硫酸。

石油炼制使用硫酸作为洗涤剂，以除去石油产品中的不饱和烃和硫化物等杂质。

在冶金工业中，钢材加工及产品的酸洗，特别是有色金属（铜、锌、铝）的生产过程及某些稀有金属（钛、锆）的提炼均需大量硫酸。

在国防工业，浓硫酸用于制取硝化甘油、硝化纤维、三硝基甲苯等炸药；原子能工业、火箭工业等也需要硫酸。

此外，医药、制革、造纸、染料、日用品、食品等工业中均需大量硫酸。

（2）生产硫酸的原料　硫酸生产的原料主要有硫铁矿、硫黄、硫酸盐、冶炼烟气及含硫化氢的工业废气等。

① 硫铁矿　硫铁矿是硫元素在地壳中存在的主要形态之一。硫铁矿的主要成分 FeS_2（理论含硫量为 53.45%，含铁量为 46.55%）。在我国，50% 以上的硫酸是以硫铁矿为原料生产的。在制酸的同时，矿渣可用来生产铁、水泥等。

② 硫黄　用硫黄制造硫酸是使用最早而又最好的原料。

与硫铁矿相比，硫黄制硫酸有很多优点，硫黄含杂质较少，焙烧前经纯化去掉杂质，所得的炉气无需复杂精制过程，即可直接降温进入转化系统，因此，该原料制硫酸流程简单、投资省、产品纯、成本低，是一种理想的制酸原料。且硫黄燃烧不产生废渣，无烧渣排除和处理的困难。国外硫酸生产主要以硫黄为原料。

③ 含硫气体　石油气、焦炉气和煤气中都含有硫化氢，将其分离燃烧可得到二氧化硫。此外冶炼有色金属过程中，产生大量的含二氧化硫的烟气，煤燃烧时排出的烟气中也含有二氧化硫，这些气体中的硫化物都是制硫酸的原料，不但回收了资源，而且还消除了公害。

④ 硫酸盐　用硫酸盐制取硫酸的同时可以制得其他化工产品。如用石膏为原料可联合生产硫酸和水泥；用芒硝（硫酸钠）也可联合生产硫酸和纯碱。

（3）生产硫酸的基本过程　以硫铁矿为原料接触法制造硫酸，一般有以下几个工序。

① 原料工序　原料的贮存、运输、破碎、干燥、配矿等。

② 焙烧工序　以硫铁矿和空气为原料制造二氧化硫，其反应为：

$$4FeS_2 + 11O_2 \longrightarrow 8SO_2 + 2Fe_2O_3$$

同时包括炉气的废热利用，冷却和初步除尘、及炉渣的运输。

③ 净化工序　清除炉气中的有害杂质、矿尘、水分，以防止催化剂中毒和设备的腐蚀。

④ 转化工序　将二氧化硫氧化为三氧化硫，其反应为：

$$2SO_2 + O_2 \longrightarrow SO_3$$

这个反应是在一定温度下借助于催化剂来实现的，接触法制硫酸的名称即由此而来。

⑤ 吸收工序　以水（实际是用硫酸）吸收 SO_3，制出成品硫酸，其反应为：

$$SO_3 + H_2O \longrightarrow H_2SO_4$$

5.4.2　二氧化硫的生产

（1）硫铁矿焙烧

① 焙烧反应　硫铁矿焙烧，主要是矿石中的二硫化铁与空气中的氧气反应，生成二氧化硫。首先，二氧化硫受热分解，生成 FeS 与单体 S：

$$2FeS_2 \longrightarrow 2FeS + S_2$$

然后，生成的单体 S 与 FeS 继续燃烧：

$$S_2(g) + 2O_2 \longrightarrow 2SO_2$$

$$4FeS + 7O_2 \longrightarrow 2Fe_2O_3 + 4SO_2$$

总反应式：

$$4FeS_2 + 11O_2 \longrightarrow 8SO_2 + 2Fe_2O_3$$

此外，焙烧过程还有副反应发生。如果焙烧是在较低的温度（400～500℃）与过量氧存在下进行，由于 Fe_2O_3 烧渣的催化作用，炉气中的 SO_2 被氧化为 SO_3：

$$2SO_2 + O_2 \longrightarrow SO_3$$

生成的 SO_3 能与铁的氧化物反应生成硫酸盐：

$$3SO_3 + Fe_2O_3 \longrightarrow 2Fe_2(SO_4)_3$$

上面反应中硫与氧化合生成的二氧化硫及其他气体（过量氧、氮和水蒸气等）统称为炉气；铁与氧反应生成的氧化物及其他固态物统称为炉渣。

硫铁矿焙烧的主要化学反应基本上是不可逆的。因此其平衡问题不大，主要是反应速度问题。

② 提高焙烧速度的措施　硫铁矿的焙烧速度决定了焙烧的生产强度。提高焙烧速度主要有以下措施。

a. 提高反应温度　提高温度，可加快分子运动速度，增加氧气与矿石的接触机会，从而加快反应速度。提高温度以不使烧渣熔化为限。焙烧温度一般在 600℃ 以上，不超过 950℃。

b. 提高氧的含量　增加氧的浓度，可增大气-固相间氧扩散的推动力，加快反应速度。有条件时可采用富氧焙烧。但采用富氧空气焙烧不经济，通常采用空气焙烧。

c. 减小矿石粒度　矿石的粒度影响气-固相接触表面积和氧通过矿石层的扩散阻力，矿石粒度越小，气-固相接触表面积越大，氧越易扩散到矿料内部，加快了硫铁矿的焙烧速度。但也不能太小，否则易被气流带走，造成焙烧不完全，也给炉气除尘带来困难。

d. 提高气流速度 为了使气-固相充分接触，应根据矿石粒度大小选择适宜的气流速度。采用沸腾（流化床）焙烧炉，提高气流速度，可以提高焙烧生产强度。

③ 焙烧炉 焙烧炉是焙烧硫铁矿的主要设备。目前广泛采用的是沸腾焙烧炉。

沸腾焙烧炉的炉体为钢壳，内衬耐火砖，炉内空间分为空气室、沸腾层、上部燃烧室等几部分，如图 5-24 所示。

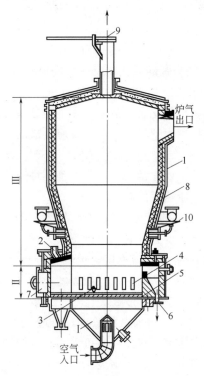

图 5-24 沸腾焙烧炉

1—炉壳；2—加料口；3—风帽；4—冷却器；5—空气分布板；6—卸渣口；

7—人孔；8—耐热材料；9—放空阀；10—二次空气进口；

Ⅰ—空气室；Ⅱ—沸腾层；Ⅲ—上部燃烧空间

④ 硫铁矿焙烧工艺流程 如图 5-25 所示。

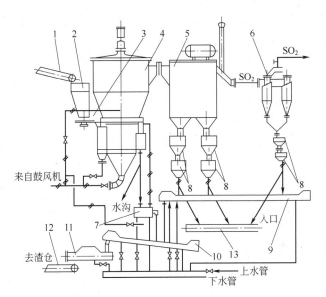

图 5-25　沸腾焙烧流程

1—反带输送机；2—矿贮斗；3—圆盘加料器；4—沸腾炉；5—废热锅炉；

6—旋风除尘器；7—矿渣沸腾冷却箱；8—闪动阀；9、10—埋刮板机；

11—增湿器；12—胶带输送器；13—事故排灰沟

沸腾炉矿料由皮带机通过布料器加入，空气由鼓风机供给，炉渣回收热能后由增湿器增湿，用输送器排出。炉气出口先经废热锅炉除尘降温，再由旋风分离器除尘后进入电除尘器。

（2）焙烧炉气的净化　炉气中含有的矿尘，不仅会堵塞设备和管道，沉积覆盖在催化剂外表面上还会影响其活性，从而造成后续工序催化剂的失活。硫铁矿中所含的砷、硒、氟等杂质，在焙烧过程中以不同的形态转入炉气。其中砷对 SO_2 氧化催化剂危害极大，氟对瓷质材料有腐蚀作用。此外，炉气中的水分及炉气经湿法净化后产生的水蒸气与 SO_3 作用能生成酸雾，它不仅对设备有严重危害，而且很难被吸收，随尾气带出系统会造成硫的损失和对大气的污染。因此，从焙烧工序出来的炉气，必须进行除尘、净化和干燥才能进入氧化工序。

焙烧炉气的净化主要包括矿尘的清除、砷和硒的清除、酸雾的脱除等几部分。

① 矿尘的清除 根据尘粒的大小，工业上有不同的除尘净化方法：$10\mu m$ 以上的尘粒用自由沉降室或旋风分离器等设备机械除尘；$0.1\sim10\mu m$ 的尘粒采用电除尘器除去；小于 $0.05\mu m$ 的矿尘颗粒采用液相洗涤法除去。

② 砷和硒的清除 焙烧产生的 As_2O_3 和 SeO_2 在气体中的饱和含量，随着温度降低而迅速下降。可采用水或稀硫酸降温和洗涤炉气，当温度降至 $50℃$ 时，气体的砷、硒氧化物已降至规定指标以下，凝固的砷、硒氧化物部分被洗涤液带走。

③ 酸雾的清除 采用硫酸溶液或水洗涤净化炉气，洗涤液中的水蒸气进入气相，使炉气中的水蒸气含量增加，并与炉气中的三氧化硫接触生成硫酸蒸气。当温度降到一定程度，硫酸的蒸气达到饱和，直至过饱和。当过饱和度等于或大于过饱和度临界值时，硫酸的蒸气冷凝形成微小液滴悬浮在气相中称之为酸雾。实践证明，气体的冷却速度越快，蒸气过饱和度越高，越易形成酸雾。为防止酸雾形成，必须控制一定的冷却速度，使硫酸蒸气过饱和度低于临界值，采用水或稀硫酸洗涤炉气，炉气温度迅速降低，酸雾形成是不可避免的。

实际生产中，常用电除雾器清除酸雾。除雾效率与酸雾微粒直径有关。直径越大，除雾效率越高。为提高除雾效率，增大酸雾粒径，采取逐级增大酸雾粒径逐级分离的方法。一是逐级降低洗涤酸浓度，使气体中水蒸气含量增大，酸雾吸收水分被稀释而增大粒径；二是气体逐级冷却，酸雾也被冷却，气体中的水蒸气在酸雾微粒表面冷凝而增大粒径。为提高除雾效率，还可增加电除雾器的段数，在两段中间设置增湿塔，降低气体在电除雾器的流速等。

(3) 净化工艺流程 气体净化是硫铁矿生产硫酸的重要环节。净化流程有多种，湿法净化流程又分为水洗流程和酸洗流程。

① 水洗流程 广泛采用的水洗流程是"二文一器一电"，如图5-26 所示。

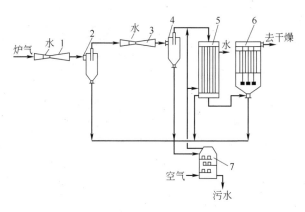

图 5-26 "二文一器一电"水洗流程
1—第一文氏管；2、4—旋风分离器；3—第二文氏管；
5—间接冷却器；6—电除雾器；7—脱吸塔

炉气经过机械除尘后，温度降至 400～500℃，含尘 20～30g/m³，进入第一文氏管。在文氏管的喉管周围喷水，与高温、高速的炉气接触，使水雾化成为极细小的液滴，这就大大增加了气液接触表面。水分大量蒸发的结果致使炉气从 400～500℃ 降到 60～70℃ 左右。经旋风分离器后尘含量降到 1g/m³ 以下，大部分的矿类和杂质在这里除净。进而经第二文氏管、经进一步降温除尘后通过冷却器间接冷却炉气至 40℃，再经电除雾器，使酸雾及杂质含量达 0.03g/m³ 以下送往干燥塔。

从第一、第二旋风分离器、间接冷却器和电除雾器排出的污水，因溶有 SO₂，故集中于脱吸塔脱吸。脱出的 SO₂ 在间接冷却器前补入系统，脱吸塔出来的污水，一般经石灰处理后排放。

② 酸洗流程　我国自行设计的"文泡冷电"酸洗净化流程，从环保考虑将水洗改为酸洗，流程如图 5-27 所示。

自焙烧工序来的 SO₂ 炉气，进入文丘里洗涤器 1（文氏管），用 15%～20% 稀酸进行第一级洗涤，洗涤后的气体经复挡除沫器 3 除沫，再进入泡沫塔 4 用 1%～3% 稀酸进行第二级洗涤。炉气经

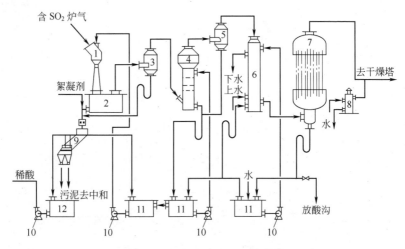

图 5-27 "文泡冷电"酸洗流程

1—文氏管；2—文氏管受槽；3、5—复挡除沫器；4—泡沫塔；6—间接冷却塔；
7—电除雾器；8—安全水封；9—斜板沉降槽；10—泵；
11—循环槽；12—稀酸槽

两级稀酸洗除去矿尘、杂质，其中的 As_2O_3，SeO_2 部分凝固为颗粒而被除掉，部分成为酸雾的凝聚中心；炉气中的 SO_3 与水蒸气形成酸雾，在凝聚中心形成酸雾颗粒。炉气经两级稀酸洗涤，再经复挡除沫器 5 除沫，进入列管式冷凝器 6 冷却，水蒸气进一步冷凝，酸雾粒径进一步增大，而后进入管束式电除雾器，借助于直流电场除去酸雾，净化后的炉气去干燥塔。

文丘里洗涤器 1 的洗涤酸经斜板沉降槽 9 沉降，沉降后清液循环使用；污泥自斜板底部放出，用石灰粉中和后与矿渣一起外运处理。

该流程用絮凝剂（聚丙烯酰胺）沉淀洗涤酸中的矿尘杂质，减少了排污量（每吨酸的排污量仅为 25L），达到封闭循环的要求，故此称为"封闭酸洗流程"。

（4）炉气的干燥　炉气干燥是除去炉气中的水分，使每立方米炉气中的水量小于 0.1g。经酸洗或水洗的炉气，含一定量的水蒸气，可与三氧化硫生成酸雾，酸雾不仅难以吸收造成硫损失，而且影响催化剂活性，必须除去炉气中的水分。

通常以浓硫酸干燥炉气，炉气从填料干燥塔下部通入，与塔上部淋洒的浓硫酸逆流接触，硫酸吸收炉气中的水分，使炉气达到干燥指标。

5.4.3　硫酸生产

（1）二氧化硫接触转化原理　SO_2 氧化成 SO_3，在工业上称为"转化"，利用催化剂加速反应，工业上称为"接触"。

$$2SO_2 + O_2 \longrightarrow SO_3$$

该反应是一个可逆、放热、体积缩小的反应，所以从热力学角度看，降低温度、提高压力，对提高反应的转化率是有利的。

该反应在工业上普遍采用的催化剂是钒催化剂。以 V_2O_5 为活性组分，以碱金属（K、Na）的硫酸盐为助催化剂，以硅胶、硅藻土、硅酸盐作载体。

（2）接触转化反应器　SO_2 催化氧化反应器的形式为多段绝热式固定床。催化反应器中，反应过程与换热过程是分开的，炉气于床层中进行绝热反应，温度升高到一定的程度以后即离开催化床进行降温，然后再进入下一段床层继续它的绝热反应。每进行这样一次称为一段。为了达到较高的最终转化率，必须采取多段催化。两段床层间的换热过程，通常是在列管式间壁热交换器中进行，即反应后的炉气与未经反应的冷炉气换热，又称为中间间接换热式。如图 5-28 所示。

该反应器为四段间接换热式催化反应系统，在段间设有三个面积较小的（因排热量小）换热器。除了外部换热器外，整个系统都装在反应器中，故结构紧凑，系统阻力小，热损失也小，缺点是反应器本体庞大，结构复杂，层间换热器检修不便。

（3）三氧化硫的吸收　催化氧化生成的 SO_3，采用硫酸水溶液吸收制得硫酸或发烟硫酸。

$$nSO_3 + H_2O \longrightarrow H_2SO_4 + (n-1)SO_3$$

当 $n<1$，生成含水硫酸；$n=1$，生成无水硫酸；$n>1$，生成

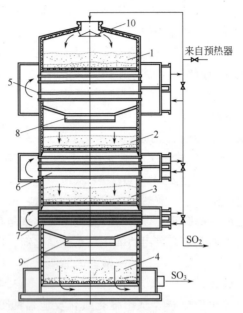

图 5-28　具有卧式热交换管的反应器

1、2、3、4—第一、二、三、四段催化剂；5、6、7—热交换器；

8、9—气体混合器；10—气体分布器

发烟硫酸。

若单用水或稀硫酸作吸收剂，吸收速度慢，而易生成酸雾。为避免三氧化硫在吸收过程中变成酸雾，应采用水蒸气分压低的硫酸；为使三氧化硫尽可能吸收完全，应采用三氧化硫分压为零或很低的硫酸。浓度为 98.3％的硫酸是最理想的三氧化硫吸收剂。低于 98.3％的硫酸液面上虽无三氧化硫蒸气，但有水蒸气，而且浓度越低水蒸气越多。高于 98.3％的硫酸液面上虽无水蒸气，但有三氧化硫蒸气，其浓度越大，三氧化硫分压越高。只有 98.3％硫酸的水及三氧化硫分压很低。在良好的条件下，98.3％硫酸吸收三氧化硫，其吸收率可达 99.95％以上。

98.3％硫酸吸收三氧化硫后，其浓度上升，需要向吸收后的硫酸中加入稀释液，以使浓度维持在 98.3％。加入的稀释液部分是新鲜水，部分则来自干燥塔的 93% 硫酸。由于吸收了三氧化硫和加入了稀释液，吸收酸增多，多出的部分即为成品硫酸，送到成品贮罐。

生产标准发烟硫酸（20% 发烟硫酸），可采用标准发烟硫酸作为吸收酸。吸收后浓度增高，加入 98.3% 硫酸使之稀释到标准发烟硫酸的浓度，即可输出作为成品。发烟硫酸表面的三氧化硫蒸气压力较大，三氧化硫的吸收不可能完全，因此，经过发烟硫酸吸收之后，还须经 98.3% 硫酸吸收才能接近吸收完全。

三氧化硫的吸收，除选择合适的吸收剂浓度外，硫酸温度也是重要的条件。因为 98.3% 硫酸的水蒸气和三氧化硫分压随温度变化，温度升高，液面上水蒸气和三氧化硫蒸气增多，影响吸收效果；而硫酸温度过低，则易产生酸雾。若要求硫酸温度低，冷却面积则增大。因此，98.3% 硫酸的吸收操作，淋洒硫酸温度一般应控制在 50℃ 左右，进吸收塔三氧化硫的温度为 140℃ 左右。

（4）硫酸生产工艺　接触法生产硫酸工艺，包括二氧化硫炉气制备、炉气净化、二氧化硫催化氧化和二氧化硫吸收等四个工序。如图 5-29 所示。

硫铁矿经破碎、筛分、配矿后，由斗式提升机送入原料仓，再由皮带喂料机送入沸腾炉；空气由炉前鼓风机鼓入沸腾炉底风室，经风帽而进入炉内。在沸腾炉内，炉内温度为 850～950℃，硫铁矿与空气中的氧反应，制得含 SO_2 10%～13% 的炉气，从炉顶排出的 SO_2 炉气还含有矿尘及其他杂质；炉内大颗粒的矿渣经溢流口，从排渣管排至炉外。

二氧化硫炉气依次经废热锅炉回收热量、旋风除尘器除尘后，进入文氏管洗涤器、泡沫洗涤塔、间冷器、电除雾器，除去矿尘、毒物和酸雾。然后，炉气再经填料干燥塔，用 93% 浓硫酸将炉气中的水分除去。

经净化、干燥后的二氧化硫炉气，由二氧化硫鼓风机送到转化工序的列管式热交换器，预热后由转化器顶部进入转化器，炉气中的二氧化硫与氧在钒催化剂层接触氧化生成三氧化硫。反应

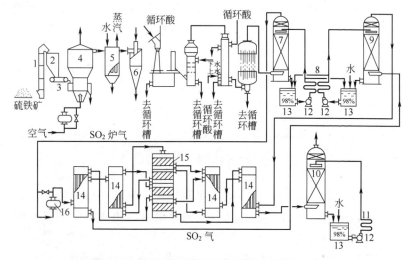

图 5-29　文泡冷电酸洗净化两转两吸制酸流程

1—斗式提升机；2—料仓；3—喂料机；4—沸腾炉；5—废热锅炉；

6—旋风分离器；7—干燥塔；8—冷却器；9—第一吸收塔；

10—第二吸收塔；11—酸冷器；12—酸泵；13—循环酸槽；

14—换热器；15—转化器；16—主风机

放热使气体温度升高，反应后的高温气体经外部列管热交换器换热而降温，返回转化器二段继续反应。二、三段之间设有列管式交换器。二氧化硫炉气经过三段转化，二氧化硫转化率可达95%，经列管式热交换器换热降温后，先进入第一填料吸收塔，用98.3%的浓硫酸吸收三氧化硫而制得硫酸。循环吸收三氧化硫后的硫酸温度升高，加入适量水和93%硫酸稀释，多出来的硫酸送成品库。

　　第一吸收塔吸收后，炉气中仍含有二氧化硫和氧，换热后返回转化器四段继续反应，生成的三氧化硫再经换热降温，送入第二填料吸收塔，用98.3%的浓硫酸吸收三氧化硫而制得浓硫酸。经二次转化，二氧化硫最终转化率可达99.5%以上。经第二吸收塔吸收后，尾气中二氧化硫含量低于0.1%，可直接排入大气中。

1. 以空气为气化剂、以水蒸气为气化剂和以空气与水蒸气的混合气为气化剂，有什么不同？

2. 以煤为原料造气进行合成氨，原料气净化分为哪几步？

3. 氨合成塔是如何解决高温高压条件下氢对金属的腐蚀问题的？

4. 从氢、氮及氨的混合气中分离氨的方法有哪些？各有什么特点？

5. 画出氨合成系通常用流程的流程图，并进行文字叙述。

6. 气提法生产尿素的原理是什么？特点是什么？

7. 画出气提法生产尿素的流程图，并进行文字叙述。

8. 什么是氯碱工业？工业上电解食盐水有哪几种方法？特点各是什么？

9. 离子膜选择性透过的原理是什么？

10. 简述盐酸的生产原理。

11. 画出三合一石墨炉法合成盐酸的工艺流程，并进行文字叙述。

12. 简述硫酸生产的基本原理和步骤。

第 6 章

典型有机化工产品生产

培训目标

1. 了解合成气、甲醇、醋酸、乙醛、醋酸乙烯、丙烯腈的性质和用途；了解合成气、甲醇、醋酸、乙醛、醋酸乙烯、丙烯腈的生产方法；了解各类有机合成反应器的分类。

2. 明确合成气、甲醇、醋酸、乙醛、醋酸乙烯、丙烯腈主流生产方法的生产原理；明确有机合成各种反应器典型结构及原理。

3. 学会合成气、甲醇、醋酸、乙醛、醋酸乙烯、丙烯腈和烃类热裂解流程图读图。

6.1 天然气转化生产合成气

6.1.1 概述

天然气组成中甲烷含量最多。天然气资源丰富，价格低廉，管道运输方便，因此，在石油资源日益紧张的今天，天然气的化工利用日益重要，并且具有非常广阔的前景。在化工生产中，天然气资源的利用主要是将甲烷转化成一氧化碳和氢气，即合成气，然后由合成气合成制取甲醇，再由甲醇合成一系列重要的有机产品，如甲醇、甲醛、醋酸、高级醇等，通常称之为碳一化学。

6.1.2 天然气转化反应原理

（1）反应原理 天然气蒸汽转化法的主要反应如下：

$$CH_4 + H_2O \longrightarrow CO + 3H_2$$
$$CH_4 + 2H_2O \longrightarrow CO + 4H_2$$
$$CO + H_2O \longrightarrow CO_2 + H_2$$
$$CH_4 + CO_2 \longrightarrow 2CO + 2H_2$$

在一定条件下，转化过程可能进行成碳反应：

$$2CO \longrightarrow CO_2 + C$$
$$CH_4 \longrightarrow 2H_2 + C$$
$$CO + H_2 \longrightarrow C + H_2O$$

如果控制适当的水蒸气用量，可以避免发生成碳反应。

（2）工艺条件 在选择适当的工艺条件时，既要考虑得到尽可能高的甲烷转化率，又要考虑生产的经济合理性和设备材料方面的实际可能性。在实际生产中所得到的甲烷转化率总是低于甲烷的平衡转化率。在确定工艺条件时，要考虑各种因素对甲烷蒸汽转化的平衡转化率的影响。

① 温度 甲烷的蒸汽转化为可逆吸热反应，温度对平衡转化率和转化速度都是一个重要的和直接的影响因素。转化温度不仅要考虑甲烷的转化率、原料的消耗量和蒸汽的消耗量，而且还要考虑触媒的耐热程度和炉管材料等条件的限制。目前转化炉管材一般都

采用 25Cr-20Ni 不锈钢，这种材料不允许超过 1123～1173K，因此操作温度一般控制在 1073～1123K，此时甲烷转化率只能达到 90%～95% 左右。在某些产品的合成中，要求甲烷的残余含量小于 0.5%，单靠上述的外热式进行一次转化是不行的，工业上通常采用二次转化。第二次转化采用自热式，即加入一部分空气进行部分氧化，所产生的热量供给甲烷继续转化，这样就不需要耐热合金钢材，反应温度也可不受炉管材质的限制。第二段转化的温度可以高达 1273K 左右。在此温度下，如果触媒活性好，出口气体组成可以接近该温度下的平衡组成。

最终温度的选择要结合压力选择决定。

② 压力　实验证明，在 H_2O 与 CH_4 之比为 2，温度保持在 1103K 时，压力从 1.013MPa 大气压增加到 4.052MPa 大气压，甲烷转化率由 85% 下降到 56%。要使甲烷转化率在 4.052MPa 大气压下保持在 85% 左右，就必须相应地提高反应温度到 1223K 左右；在 1.013MPa 大气压下操作时，要使转化气中残余甲烷含量小于 0.5%，温度应维持在 1223K 以上；如果在 3.039MPa 大气压下操作，仍保持甲烷残余含量小于 0.5%，反应温度就应该提高到 1323K 以上。

实验证明，在加压下操作对提高甲烷转化率是不利的。但是在实际工业生产中都采用加压操作。原因是加压操作的蒸汽转化有下列优点：加压转化可以大大地节省压缩气体所用的动力，与常压相比，操作压力采用 1.061MPa 大气压，可节省动力约 38%，若采用 2.026MPa 大气压，则可节省动力 60% 左右；加压下蒸汽转化可以大大提高热效率，甲烷的蒸汽转化需要大量的过热蒸汽，其数量约为干转化气的 1.4 倍（质量），当操作压力提高时，蒸汽分压也提高了，可有效地回收这部分热量，就能大大地提高热效率，降低生产成本；加压转化可以提高设备能力，降低投资费用，加压操作可以提高空间速度，与采用常压时比提高一倍左右，设备和触媒的利用率也能提高一倍左右；加压下操作还可以提高后部工序的设备生产能力。工业上一般采用 2.94MPa 左右的压力。近年来也有采用更高的压力进行转化的。但在加压下操作要相应地提高反应速度，这样就要求改进触媒的性能和转化炉管的质量。

③ 水碳比　水碳比对甲烷的平衡含量的影响是很大的。在工业生产中，当温度保持一定而提高了操作压力，要保持甲烷转化率，就必须提高水碳比。而当压力和温度都保持不变时，要提高甲烷转化率，也必须提高水碳比。水碳比对甲烷转化率的影响到一定限度时就不显著了，过大的水碳比只会增加水蒸气的消耗量，而转化率的提高却很少，这在经济上是不合理的。因此，当压力为1.96～2.94MPa时，工业上采用的水碳比确定为3～4。

水碳比也影响到触媒层的结炭。甲烷转化过程中，同时存在着甲烷裂解和结炭反应。加入适量的水蒸气，可以降低结炭的可能性。

④ 二段转化炉的空气加入量　二段转化是自热的情况下继续进行甲烷的蒸汽转化反应。工业上要求经二段转化炉反应后的转化气中，残余甲烷含量小于0.5%。在二段转化炉的进口处加入一定量的空气，使二段转化炉能在自热的情况下，维持较一般转化炉高的反应温度，空气的加入量视炉温而定。

6.1.3　天然气转化工艺流程

天然气蒸汽转化法的工艺流程如图6-1所示。

天然气配入一定量的氢气在对流段预热到一定温度，经钻钼加氢及氧化锌脱硫后，在压力为3.528MPa，温度为653K左右的条件下，按水碳比3.5的比例与压力为3.724MPa的工业蒸汽混合。混合气进入一般转化炉对流段进一步预热到773～793K，然后送到转化炉顶部，分流进入各支反应管，自上而下流经转化催化剂床层，进行转化反应。从转化管出来的转化气温度约为1073～1093K，压力为3.03MPa。一段炉出口气体组成（摩尔%）大约为：CH_4 9.95、CO 9.95、CO_2 10.0、H_2 69.5、N_2 0.6。

一段炉的热量由顶部烧嘴喷入燃烧的天然气供给。

转化反应后的气体，由各支反应管底部并入集气管，沿集气管中部的上升管上升到炉顶上一根装有水夹套的输气总管，再由该总

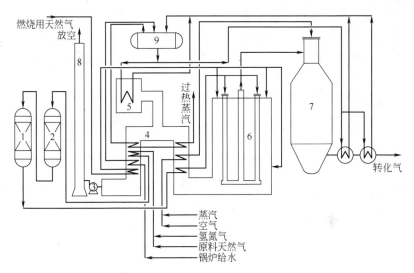

图 6-1 天然气蒸汽转化法工艺流程

1—脱硫罐；2—加氢反应器；3—排风机；4—对流预热段；5—烟气加热段；

6——段转化炉；7—二段转化炉；8—烟囱；9—气包

管流至二段转化炉的入口。

工艺空气经压缩机加压到 3.244～3.43MPa。配入少量蒸汽，进入对流段预热盘管加热到 723K 左右，进入二段炉顶部与一段转化气汇合，经顶部扩散环进入燃烧区燃烧后，再进入二段炉催化剂床层，进行二次转化反应。出二段转化炉的气体温度约 1273K，压力 2.94MPa，其组成（体积％）大约为：CH_4 0.3、CO 12.8、CO_2 7.6、H_2 57、N_2 22.3。

转化气经两个废热锅炉回收热量后，转化气温度被降至 603K 左右，送去脱硫、脱 CO_2 工序。

6.2 合成气合成甲醇

6.2.1 概述

（1）甲醇的性质和用途 甲醇是饱和醇系中最简单的代表产

品。在一般情况下，纯甲醇是无色、易流动、易挥发的可燃性气体，并带有与乙醇相似的气味。甲醇与水、乙醚、苯、酮以及大多数有机溶剂可按各种比例混合，而且与其中一些有机物化合形成共沸物。大部分气体在甲醇中都有良好的可溶性。甲醇与空气可以形成爆炸混合物，爆炸极限上限 36%，下限 5.5%。

甲醇分子中含有烷基和羟基。因此，甲醇具有弱碱性和弱酸性。甲醇在空气中首先氧化成甲醛，然后再进一步氧化成二氧化碳和甲酸。常温下，甲醇是稳定的。在 623～673K 和常压下，当有催化剂存在时，可以分解成一氧化碳和氢。

在有机合成工业中，甲醇是仅次于烯烃和芳烃的重要基础有机原料。它广泛用于各种化工产品的生产，主要在合成塑料、合成橡胶、合成纤维、农药、医药、染料和油漆等许多化工产品的生产中作为原料和溶剂。

目前甲醇主要用于生产甲醛和对苯二甲酸二甲酯。甲醛大量用于生产酚醛树脂、尿醛树脂和其他多种塑料，同时也是合成纤维、炸药、医药等工业的重要原料。以甲醇为原料经碳化反应直接合成醋酸也已经工业化。用甲醇为原料还可以合成人造蛋白，是很好的禽畜饲料。

为了解决石油资源不足问题，近年来有些国家正在研究充分利用煤和天然气资源，发展合成甲醇工业，以甲醇作代用燃料或进一步合成汽油。也可以从甲醇出发合成乙醇，然后进行乙醇脱水生产乙烯，以代替石油生产乙烯的原料路线。

随着化学工业的蓬勃发展，对甲醇的需要量还将日益增多。

（2）甲醇的生产方法　工业生产中合成甲醇的主要方法就是以合成气为原料的合成法、甲醇为原料的羰基化法。研究中尚未实现工业化的还有甲烷直接氧化法。

① 合成气合成法　合成气在催化剂作用下合成为甲醇。

$$CO + 2H_2 \longrightarrow CH_3OH$$

由于催化剂不同，反应温度和压力也不同，合成气法在工业上又有高压法和中、低压法之分。高压法反应温度 370～420℃，反应压力 25～35MPa，合成甲醇历史较久，技术成熟，但副反应多，甲醇产率较低，投资费用大，动力消耗大。

1966 年工业上成功地采用了活性高的铜基催化剂，实现了甲醇低压合成法。该法反应温度 230～270℃，反应压力 5MPa。低压法也有缺点，压力低，但所需合成设备容积庞大，设备制造和运输都较困难，对合成气纯度要求高等。

20 世纪 70 年代又进一步发展了 10MPa 的中压合成法，适合于生产量大的大型厂，采用中压法能比低压法节省生产费和催化剂费用。

低压法适用于中、小型厂。由于低、中压法技术经济指标先进，例如低压强的压缩动力消耗仅为高压法的 60% 左右。现在世界各国合成甲醇生产已广泛采用了低、中压合成法。

② 甲醇液相羰基化法　20 世纪 80 年代液相羰基化法生产甲醇实现工业化。反应分为两步：甲醇与一氧化碳在催化剂作用下发生羰基化反应生成甲酸甲酯，甲酸甲酯加氢在催化剂作用下氢解为甲醇。

$$CH_3OH + CO \longrightarrow HCOOCH_3$$

$$HCOOCH_3 + 2H_2 \longrightarrow 2CH_3OH$$

此法的优势在于反应完全在低温低压下进行。

③ 甲烷直接氧化法　甲烷在催化剂作用下与氧气发生氧化反应生成甲醇。

$$CH_4 + \frac{1}{2}O_2 \longrightarrow CH_3OH$$

此法目前的关键问题在于催化剂的研究，相信不久的将来会实现工业化。而此法工业化的实现，对于天然气化工利用和碳一化学发展必将起到极大的推动作用。

6.2.2　合成气合成甲醇反应原理

（1）反应原理

主反应

$$CO + 2H_2 \longrightarrow CH_3OH$$

副反应

$$CO + 3H_2 \longrightarrow CH_4 + H_2O$$
$$2CO + 2H_2 \longrightarrow CH_4 + CO_2$$
$$2CO + 4H_2 \longrightarrow (CH_3)_2 + H_2O$$
$$4CO + 8H_2 \longrightarrow C_4H_9OH + 3H_2O$$
$$2CH_3OH \longrightarrow CH_3COCH_3 + H_2O$$
$$CH_3OH + nCO + 2nH_2 \longrightarrow C_nH_{2n+1}CH_2OH + nH_2O$$

合成气合成甲醇反应的催化剂主要有两种：高压法使用的 $ZnO\text{-}Gr_2O_3$ 二元催化剂和低、中压法使用的 $CuO\text{-}ZnO\text{-}Gr_2O_3$ 或 $CuO\text{-}ZnO\text{-}Al_2O_3$ 三元催化剂。

（2）工艺条件

① 反应温度　反应温度影响反应速度和选择性。反应温度对反应速度的影响有一最适宜的温度。由于催化剂的活性不同，最适宜的反应温度也不同。对高压法的锌铬催化剂，最适宜温度为 380℃左右，而对中低压法的铜基催化剂，最适宜温度为 230～270℃。最适宜温度和转化深度与催化剂的活性也有关。一般为了延长催化剂的寿命，开始宜采用较低温度，过一定时间后再升至适宜温度，其后随着催化剂活性下降的增加，反应温度也相应提高。由于合成甲醇是放热反应，反应热必须及时移出，否则易使催化剂温升过高，不仅影响反应速度，且会使生成高级醇的副反应增加。催化剂易因发生熔结现象而活性下降，尤其是使用铜基催化剂时，催化剂的热稳定性较差，因此严格控制反应温度，及时有效地移走反应热，是甲醇合成塔设计和操作的关键问题。

② 反应压力　增加压力可加快反应速度，所需压力与反应温度有关，锌铬催化剂反应温度高，由于化学平衡的限制，必须采用高压，以提高转化率，一般在 25～35MPa 之间。而采用铜基催化剂，由于适宜的反应温度可降低至 230～270℃，所需压力也相应降至 5～10MPa。在生产规模大时，压力太低也会影响经济效果，一般采用中压，即 10MPa 左右，较为适宜。

③ 空间速度　合成甲醇的空间速度大小能影响选择性和转化率，直接关系到催化剂的生产能力和单位时间的放热量。合适的空

间速度与催化剂的活性和反应温度是密切相关的。一般来说，接触时间长不仅有利于副反应进行，生成高级醇类，且使催化剂的生产能力降低。用锌铬催化剂时，高空间速度下进行操作可以提高合成塔能力，减少副反应，提高甲醇产品纯度。但是，高空间速度单程转化率低，甲醇浓度太低，甲醇难于从反应气中分离出来。高压法一般空间速度选择在 $20000\sim40000m^3/(m^3$ 催化剂·h) 范围。中低压法时则选择空间速度为 $10000m^3/(m^3$ 催化剂·h) 左右。

④ H_2/CO 比 合成甲醇原料气 H_2/CO 比的化学计量比是 2∶1。CO 过量会引起羰基铁在催化剂上积聚，使催化剂失活，故一般常采用 H_2 过量。H_2 过量能减少副反应并有利于导出反应热。由于催化剂不同，H_2/CO 用量比也不同，锌铬催化剂 H_2/CO 为 4.5 左右；铜基催化剂 H_2/CO 为 $2.2\sim3.0$。

原料气中有氮及甲烷等惰性气体存在时，会使 H_2 及 CO 的分压降低，导致反应的转化率降低。由于合成甲醇的空间速度大，接触时间短，单程转化率低，一般只有 $10\%\sim15\%$，因此反应气体中仍含有大量未转化的 H_2 及 CO，必须循环利用。为了避免惰性气体的积累，必须将部分循环气从反应系统排出，以维持反应系统中惰性气体含量保持在一定浓度范围。一般生产控制循环气量是新原料量的 $3.5\sim6$ 倍。

6.2.3 合成甲醇工艺流程

合成甲醇反应器与合成氨反应器结构一样。

低、中压合成甲醇流程如图 6-2 所示。它是较普遍采用的典型流程。

由转化工序来的合成气经脱硫器脱硫，冷却后再分离，除去冷凝水，送入 CO_2 吸收塔脱除 CO_2 后，经过冷却和压缩，压力升至 5MPa（或 10MPa），与出合成塔气体交叉换热后由顶部进入合成塔，在催化剂床中进行合成反应；从合成塔出来的反应气体，经过交叉换热器换热和冷凝后，进入气液分离器，分离得到液态的粗甲醇。在分离器分离出的气体中还含有大量未反应的 H_2、CO，部分排出系统，以便维持系统内惰性气体在一定浓度范围内，排放气可

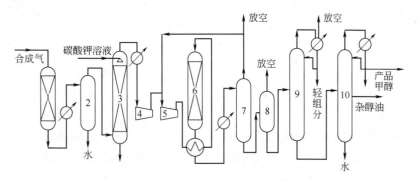

图 6-2　低、中压合成甲醇流程

1—脱硫器；2—分离器；3—CO₂ 吸收塔；4—合成气压缩机；5—循环气压缩机；

6—甲醇合成塔；7—分离器；8—闪蒸罐；9—脱轻组分塔；10—脱重组分塔

作燃料用。其余气体送去循环气压缩机前与合成气混合，增压后再进入合成塔。

粗甲醇进入闪蒸罐，压力降至 0.35MPa 左右，闪蒸出溶解气体。然后把粗甲醇送去精制。

粗甲醇进入脱轻组分塔，在塔顶脱除轻组分，含产品的塔釜液进入脱重组分塔，重组分乙醇、高级醇等杂醇油侧线气相采出；水由塔釜分出；塔顶排除残余的轻组分；塔顶采出产品甲醇。

由于低、中压法合成甲醇中杂质含量少，低于高压合成法，净化比较容易，利用双塔精制流程，可以获得纯度为 99.85% 精制产品甲醇。

6.3　甲醇羰基化合成醋酸

6.3.1　概述

（1）醋酸的性质和用途　醋酸是无色透明液体，有特殊的刺激性气味，具有腐蚀性。能与水以任何比例互溶，也可与醇、苯等多种有机溶剂互溶。醋酸的沸点是 118℃，冰点是 16.58℃。醋酸蒸汽与空气混合可形成爆炸混合物，爆炸极限为 4.0%～17.0%（体积）。醋酸的卫生允许浓度为 0.005mg/L。

醋酸是最重要的脂肪族中间体之一，是重要的有机化工原料，用途极为广泛，主要用于合成醋酸乙烯、生产醋酸纤维及各种醋酸酯，同时还用于医药、染料、食品和化妆品等工业。

（2）醋酸的生产方法　生产醋酸的基本方法有乙醛氧化法、甲醇羰基化合成法、长链碳架氧化降解法等。

① 乙醛氧化法　乙醛氧化生产醋酸是最早实现工业化的主要方法。发展至今，技术比较成熟，在目前的醋酸生产中仍占有相当比例。

② 长链碳架氧化降解法　20世纪70年代实现工业化生产。此法对于 $C_4 \sim C_8$ 裂解原料烃的化工利用有很大的意义。

③ 甲醇羰基化法　20世纪70年代实现工业化生产。此法原料来源广、催化系统稳定、产品纯度高、三废少、操作安全可靠，在技术经济上具有很大的优越性，是目前醋酸生产的主流方法。

醋酸生产按原料路线主要有以下几种。

① 乙炔路线　即以乙炔为基本原料，乙炔水合制成乙醛，乙醛再氧化为醋酸，这条路线的基础原料是煤和天然气，原料成本相对较高。20世纪50年代前醋酸的生产主要是这条路线。

② 乙烯路线　以乙烯为基本原料，乙烯氧化为乙醛，乙醛再氧化为醋酸，这条路线的基础原料是石油，原料成本相对较低。20世纪60年代后这条路线成为主流。目前我国的醋酸生产主要是采用此路线。

③ 轻油路线　即长链碳架氧化降解法，以裂解产物轻汽油为基本原料。这条路线的基础原料也是石油，此路线原料成本虽较低，但由于原料组成复杂，因此氧化过程中的反应也较复杂，副产物组成也较复杂，分离过程复杂且能耗较大。

④ $C_1 + C_1$ 甲醇路线　以甲醇为基本原料，直接羰基化生成醋酸。此路线的基础原料可以是煤、天然气和石油，20世纪60年代实现工业化，70年代得到很好的推广。此路线的特点是：转化率和选择性都很高，催化剂损耗低，能效高，且基础原料多样化，工

艺和控制先进。目前该路线生产醋酸按产量计处于绝对优势。

6.3.2 甲醇低压羰基化反应原理

（1）反应原理

主反应 $\quad CH_3OH + CO \longrightarrow CH_3COOH + Q$

副反应 $\quad CO + H_2O \longrightarrow HCOOH$

$$2CH_3OH \longrightarrow CH_3OCH_3 + H_2O$$

$$CH_3COOH + CH_3OH \longrightarrow CH_3COOCH_3 + H_2O$$

$$CO + H_2O \longrightarrow CO_2 + H_2$$

$$CO + 3H_2 \longrightarrow CH_4 + H_2O$$

$$CH_3OH \longrightarrow CO + 2H_2$$

$$CH_3COOH \longrightarrow 2CO + 2H_2$$

催化剂 铑化合物为主催化剂，碘甲烷和碘化氢为助催化剂，两者溶于适当的溶剂中（水、醋酸、甲醇等），成为均相液体催化剂。

（2）工艺条件 甲醇羰基化合成醋酸的反应效果，主要受温度、压力、反应液组成等因素影响。

① 反应温度 温度升高，有利于提高主反应的反应速度；但主反应是放热反应，温度过高，不利于主反应的选择性，副产物甲烷和二氧化碳会明显增加。因此，维持适当的反应温度对于保证良好的反应效果很重要，结合催化剂活性，反应温度一般控制在 $130 \sim 180℃$ 内，最佳温度为 $175℃$。

② 反应压力 反应为气液相反应过程，且主反应是分子数减小的反应，增加压力有利于反应向产物方向进行，有利于提高一氧化碳的吸收率。实际生产中，压力控制为 3MPa。

③ 反应液组成 主要指醋酸和甲醇浓度。一般控制醋酸和甲醇的摩尔比为 1.44:1。如摩尔比小于 1，醋酸收率降低，同时副产物二甲醚的生成量大幅提高。反应液中水含量也不能太少，水含量过少，将影响催化剂的活性，造成反应速度下降。

6.3.3 甲醇低压羰基化工艺流程

（1）反应器选择 甲醇羰基化是气液相反应过程，主反应是放热反应。要求反应器要保证气液相均匀接触，并能有效移出反应热。

甲醇羰基化反应器可采用搅拌釜或鼓泡塔，羰基化反应的搅拌釜结构如图 6-3 所示。

釜内装有搅拌器，其主要作用是破碎气泡分散气体，并使气液达到充分混合。催化剂溶液和原料气体由釜底部加入。反应

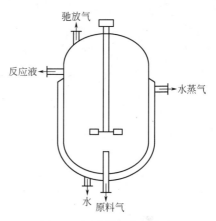

图 6-3　甲醇羰基化反应釜

液由釜侧溢流采出。釜顶设有尾气出口。开车时，釜夹套中通蒸汽介质起预热作用；生产时，通冷却水移出反应放出的热量，维持反应温度。

（2）甲醇羰基化生产醋酸工艺流程　采用搅拌釜式反应器，甲醇羰基化生产醋酸的工艺流程如图 6-4 所示。

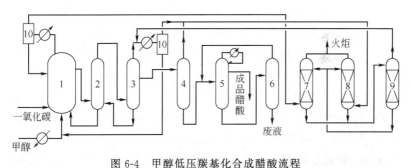

图 6-4　甲醇低压羰基化合成醋酸流程

1—反应釜；2—闪蒸塔；3—轻组分塔；4—脱水塔；5—重组分塔；

6—废酸气提塔；7—高压吸收塔；8—低压吸收塔；

9—解吸塔；10—气液分离器

原料甲醇经加热器加热到 185℃，与从压缩机来的一氧化碳气体一起由底部喷入反应釜。反应后的物料从釜侧口采出并进入闪蒸

塔，未被蒸发的含有催化剂的溶液从塔底返回反应釜；含有醋酸、水及助催化剂碘甲烷和碘化氢的蒸汽从闪蒸塔顶出来，进入轻组分塔。反应釜顶部排放出的二氧化碳、氢气、一氧化碳和碘甲烷等作为驰放气，进入冷凝器冷凝，凝液返回反应釜，不凝气至高压吸收塔回收。

从闪蒸塔顶来的混合蒸汽进入轻组分塔分离，塔顶蒸出碘甲烷，经冷凝器冷凝后，凝液碘甲烷返回反应釜，未凝气送往低压吸收塔。碘化氢、水和醋酸等高沸物和少量铑化合物催化剂从塔底排出，送回闪蒸塔。含水醋酸由轻组分塔侧线采出，进入脱水塔上部。

轻组分塔侧线采出的水和醋酸混合物进入脱水塔进行精馏，水及其他轻组分由塔顶蒸出，塔底主要是含有重组分的醋酸，送往重组分塔。

脱水塔底来的醋酸及其重组分进重组分塔进行精馏。重组分由塔底采出，送至废酸气提塔从中进一步蒸出醋酸后返回重组分塔进行分离，塔底的废液送出处理。成品醋酸由重组分塔的上部侧线采出，送至醋酸成品贮槽。

从反应釜来的驰放气，依次进入高压吸收塔和低压吸收塔，用醋酸作吸收液吸收其中的碘甲烷，未被吸收的一氧化碳、二氧化碳及氢气，经火炬焚烧后放空。

高压吸收塔和低压吸收塔吸收了碘甲烷的富液，进入解析塔进行气提解吸，解吸出的碘甲烷蒸气送至轻组分塔顶冷凝器，与轻组分塔顶蒸出的碘甲烷凝液一同返回反应釜。解吸后的醋酸液体作为吸收循环液，返回高压吸收塔和低压吸收塔。

6.3.4 釜式反应器

釜式反应器是各类反应器中结构简单而又应用较广的一种反应器，主要用于液-液均相反应过程，在气-液、液-液非均相反应过程也有应用，既可用于间歇操作过程，又可单釜或多釜串联连续操作。它具有适应性强，操作弹性大，连续操作时温度、浓度容易控制，产品质量均一等特点。但若应用于需要较高转化率时，则有需要较大容积的缺点。釜式反应器通常在操作条件比较缓和的情况下使用，如常压、温度较低且低于物料沸点时，应用此类反应器最为普遍。

釜式反应器主要由壳体、搅拌器、换热装置（夹套）等部分组成，其结构如图 6-5 所示。

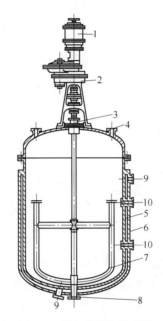

图 6-5　反应釜结构示意图

1—电动机；2—变速器；3—密封装置；4—加料管口；5—壳体；6—夹套；
7—搅拌器；8—出料管口；9—夹套进出口；10—液面计接口

（1）壳体　釜式反应器的壳体及搅拌所用材料一般皆为碳钢，根据特殊需要，可在与反应物料接触部分衬不锈钢、铅、橡胶、玻璃钢或搪瓷等。根据需要，壳体也可直接用铜、不锈钢制造。

（2）搅拌器　搅拌器的形式有桨式、框式、锚式、旋桨式和涡轮式等，如图 6-6 所示。

搅拌器的作用是使反应器内物料充分混合，强化传热和传质。搅拌器的形式、尺寸、安放位置及层数要根据物料的性质和工艺要

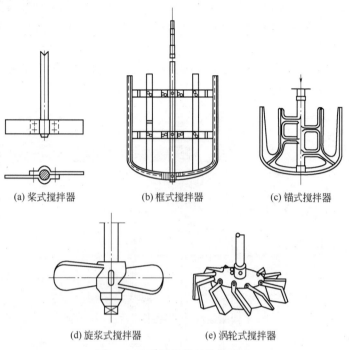

(a) 桨式搅拌器　　　　(b) 框式搅拌器　　　　(c) 锚式搅拌器

(d) 旋桨式搅拌器　　　　(e) 涡轮式搅拌器

图 6-6　几种搅拌器的结构形式

求来确定。搅拌充分的釜式反应器，器内物料的浓度处处相等，温度也处处相等。

　　a. 桨式搅拌器　是搅拌器中结构最简单的一种，一般适用于不需要剧烈混合的反应过程。

　　b. 框式和锚式搅拌器　适用于随着反应的进行逐渐变得黏稠的物料，转动时几乎触及釜体的内壁，可及时刮除壁面沉积物。此类搅拌器大多是铸铁材料，可根据需要造出特定的形状。

　　以上三种搅拌器均属于低速搅拌器，转速为 15～80r/min。

　　c. 旋桨式搅拌器　广泛应用于较低黏度液体的搅拌，也可用于乳浊液和颗粒在 10% 以下的悬浮液。操作时转速一般为 400～1500r/min。当搅拌黏性液体及含有悬浮物或可形成泡沫的液体时，其转速应在 150～400r/min。旋桨式搅拌器具有结构简单、制造方便、可在较小功率消耗下获得较高转速的优点。但在搅拌黏度达 0.4Pa·s 以上的液体时，搅拌效率不高。

d. 涡轮搅拌器　适用于大量液体的搅拌操作，除稠厚的浆糊状物料外，几乎可应用于任何情况。

上述几种搅拌器在有机化工和高聚物生产过程中应用较广，在工业上可根据物料的性质、要求物料的混合程度以及考虑能耗等因素选择适宜的搅拌器。

（3）换热装置　用来加热或冷却物料。结构形式主要有夹套式、蛇管式、列管式、外部循环式等，也可以用火焰直接加热或用电加热。

6.4　烃类热裂解

乙烯、丙烯和丁烯等低级烯烃化学性质活泼，可进行加成、均聚或共聚等反应，是基本有机化学工业的重要原料。自然界中没有烯烃存在，工业上获取烯烃的主要方法是石油烃类的热裂解。

烃类热裂解是石油烃类在高温下分解成分子量较小的烯烃、烷烃和其他轻质烃和重质烃类的过程。烃类的热裂解是石油化工中最基本和最重要的生产过程，常用乙烯产量衡量一个国家基本有机化学工业的发展水平。

烃类热裂解的原料可分为气态烃和液态烃两类。气态烃包括天然气、油田气及其凝析油、炼厂气等。液态烃包括各种液态石油产品，如轻油、柴油和重油等。

烃类热裂解制取乙烯的工艺，分为烃的裂解和裂解产物的分离。

6.4.1　烃类热裂解反应原理

（1）烃类热裂解的化学反应　烃类热裂解是一个复杂的化学反应过程，已经知道的反应有脱氢、断链、二烯合成、异构化、脱氢环化、脱烷基、叠合、歧化、聚合、脱氢交联和焦化等，裂解产物多达数十种乃至数百种。图 6-7 概括了这一复杂的反应系统。

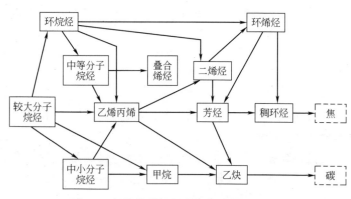

图 6-7　烃类热裂解过程中主要产物的变化

在图 6-7 所示的生成物变化过程中，根据反应的先后顺序，分为一次反应和二次反应。

一次反应，指原料烃分子裂解生成乙烯和丙烯等主产物的反应。二次反应，指一次反应生成的低级烯烃进一步反应生成多种产物，直至生成碳和焦的反应，可以理解为副反应。显然，二次反应不仅降低低级烯烃的收率，而且生成的碳和焦会堵塞管道和设备，是不希望发生的反应。

① 烃类热裂解的一次反应

a. 烷烃裂解的一次反应　基本反应有两种，即脱氢和碳链断裂的反应。

脱氢反应：　　　$R—CH_2—CH_3 \Longrightarrow R—CH=CH_2 + H_2$

或　　　　　　　$C_n H_{2n+2} \Longrightarrow C_n H_{2n} + H_2$

断链反应：　　　$R—CH_2—CH_2—R' —R—CH \Longrightarrow CH_2 + R'H$

或　　　　　　　$C_{n+m} H_{2(n+m)+2} \Longrightarrow C_n H_{2n} + C_m H_{2m+2}$

不同烷烃脱氢和断链反应的难易，可根据分子结构中键能的大小来判断。

b. 环烷烃热裂解的一次反应　环烷烃热裂解时，基本反应也有两种，即脱氢反应和碳链断裂反应，生成低分子烯烃和芳烃。例如环己烷裂解：

$$\begin{array}{l}
\rightarrow C_2H_4 + C_4H_8 \\
\rightarrow C_2H_4 + C_4H_6 + H_2 \\
\rightarrow C_4H_6 + C_2H_6 \\
\rightarrow \dfrac{3}{2}C_4H_6 + \dfrac{3}{2}H_2
\end{array}$$

c. 芳香烃热裂解反应　芳香烃的热稳定性很高，一般不易发生芳环开裂反应，但可发生下列基本反应，即芳烃脱氢缩合、侧链断链和脱氢反应。芳烃脱氢缩合反应生成多环、稠环芳烃，继续脱氢生成焦油直至结焦。

烷基芳烃的侧链断链，生成苯、甲苯、二甲苯等。

烷基芳烃的侧链脱氢，生成苯乙烯等。

d. 烯烃热裂解一次反应　天然石油不含烯烃，但是其加工油品中可能含有烯烃。烯烃热裂解可能发生断链反应和脱氢反应，生成低级烯烃和二烯烃。

$$C_{n+m}H_{2(n+m)} \Longrightarrow C_nH_{2n} + C_mH_{2m} \quad 或 \quad C_nH_{2n} \Longrightarrow C_nH_{2n-2} + H_2$$

② 烃类热裂解的二次反应　烃类热裂解的二次反应比一次反应复杂。

a. 烯烃裂解二次反应　一次反应生成的大分子烯烃继续裂解生成低级烯烃和二烯烃。

b. 烯烃的缩合、环化和聚合　烯烃的缩合、环化和聚合生成较大分子的烯烃、二烯烃和芳烃。

$$2C_2H_4 \longrightarrow C_4H_6 + H_2$$

$$C_2H_4 + C_4H_6 \longrightarrow \bighexagon + 2H_2$$

c. 烯烃的加氢和脱氢　烯烃加氢生成相应的烷烃，烯烃脱氢生成相应的二烯烃或炔烃。

d. 烃分解生成碳　在较高温度下，低分子烷、烯烃均可分解为碳和氢。

$$CH_2{=}CH_2 \xrightarrow{-H_2} CH{\equiv}CH \xrightarrow{-H_2} C_n + mH_2$$

C_n 为六面形排列的平面分子。

在二次反应中，除了较大分子的烯烃裂解增加乙烯收率外，其余的反应都要消耗乙烯，降低乙烯收率，并导致结焦和生碳。

（2）烃类热裂解的特点与规律

① 烃类热裂解的特点　无论断链还是脱氢反应，都是热效应很高的吸热反应；断链反应可以认为是不可逆反应，脱氢反应则是可逆反应；存在复杂的二次反应；反应产物是复杂的混合物。

② 烷烃热裂解的规律　同碳原子数的烷烃，断链反应比脱氢反应容易；烷烃分子的碳链越长，越容易发生断链反应；烷烃的脱氢能力与其分子结构有关，叔氢最易脱去，仲氢次之，伯氢再次之；带支链的烷烃容易裂解；乙烷不发生断链反应，只发生脱氢反应。

③ 环烷烃裂解规律　侧链烷基比烃环容易裂解，长侧链中央的 C—C 键先断裂，有侧链的环烷烃比无侧链的环烷烃裂解得到的烯烃多；环烷烃脱氢生成芳烃比开环生成烯烃容易；低碳环比多碳环难裂解；裂解原料中环烷烃含量增加时，乙烯收率会下降，但丁二烯和芳烃的收率会有所提高。

④ 各种烃类热裂解规律

a. 烷烃　正构烷烃，最有利于生成乙烯、丙烯，分子量越小烯烃的总收率越高；异构烷烃的烯烃总收率低于同碳原子数的正构烷烃。

b. 环烷烃　生成芳烃的反应优于生成单烯烃的反应。含环烷烃较多的原料，丁二烯和芳烃的收率较高，乙烯和丙烯的收率较低。

c. 芳烃　无侧链芳烃基本上不会裂解生成烯烃；有侧链的芳烃侧链逐步断链及脱氢；芳环的脱氢缩合主要生成稠环芳烃直至结焦。

d. 烯烃　大分子烯烃裂解为低级烯烃和二烯烃。

各类烃热裂解的难易顺序为：

正构烷烃＞异构烷烃＞环烷烃＞芳烃

（3）烃类热裂解的工艺条件　影响裂解的主要因素有裂解温度、停留时间、裂解压力和原料烃的组成。

① 裂解温度　烃类的热裂解反应是强吸热反应，其平衡常数随温度升高而增大，需要供热和高温条件。低温条件下，烃类热裂解生成烯烃的反应很难发生。为获得烯烃，必须采取高温。但在高温条件下，烃完全热裂解为碳和氢的平衡常数比烃裂解一次反应的平衡常数大，在化学平衡上二次反应具有一定的优势。因此，选择高温裂解。为尽可能提高烯烃收率，抑制高温下的副反应，还要考虑其他因素。

② 停留时间　烃完全裂解为碳和氢的二次反应，虽然在化学平衡上具有一定的优势，但因其发生在一次反应之后，而且一次反应速度比二次反应速度快，因此，可充分发挥一次反应在时间顺序和速度上的优势，采取较短的停留时间，使二次反应来不及发生。这样就可以达到提高烯烃收率的目的。图 6-8 说明了温度和停留时间对烯烃收率的影响。

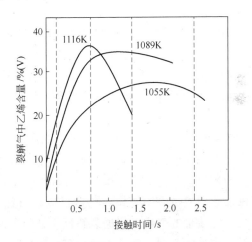

图 6-8　温度和停留时间对烯烃收率的影响

③ 裂解压力　烃类裂解生成烯烃的反应是分子数增多的反应，从化学平衡移动原理看，降低压力有利于提高烯烃收率；烯烃缩合

和聚合等二次反应，都是分子数减小的反应，降低压力可抑制这类反应发生。因此，降低压力，对于提高烃类的热裂解过程的烯烃收率是有利的。但在高温下的采取减压操作，存在着以下问题：一是系统很容易吸入空气而导致爆炸；二是对后续工段操作不利；三是不利于短停留时间的控制。工业生产采用添加稀释剂降低原料的分压的办法，避免了减压操作带来的问题。

工业生产常采用的稀释剂主要是水蒸气，其特点是：蒸气热容大，能对炉管温度起稳定作用，达到保护炉管的效果；价廉易得，且容易从裂解产物中分离；化学性质稳定，与烃类一般不发生反应；可与二次反应生成的碳反应：$C + H_2O \Longrightarrow H_2 + CO$，具有清除炉管碳沉积的作用；对金属表面具有一定的氧化作用，使金属表面形成氧化物膜，可减轻金属铁和镍对烃分解生碳的催化作用；可抑制原料中的硫对裂解管的腐蚀。

④ 原料烃组成　裂解原料分为气态烃和液态烃。气态烃包括天然气、油田气及其凝析油、炼厂气等；液态烃包括各类液态石油产品，如轻油、柴油和重油等。

在反应原理中，我们已经讨论了原料烃的裂解规律。裂解原料的组成是判断其是否适宜作裂解原料的重要依据。在裂解条件下，原料中烷烃含量越高，乙烯收率越高。随着环烷烃和芳烃含量的增加，乙烯收率下降。轻柴油的烷烃含量较高，是理想的裂解原料。

6.4.2　管式裂解炉

烃类热裂解最重要的设备是管式裂解炉，由炉体和裂解反应管组成。炉体分为辐射室和对流室，用钢构件和耐火材料砌筑。原料预热管和蒸汽加热管安放在对流室，裂解反应管布置在辐射室内，辐射室内安装一定数量的烧嘴。根据裂解反应管的布置方式、烧嘴安装位置及燃烧方式的不同，管式裂解炉有多种炉型，代表性的炉型主要有以下四种。

（1）鲁姆斯 SRT-Ⅲ型炉　美国鲁姆斯公司开发。炉型结构示意见图 6-9 所示。

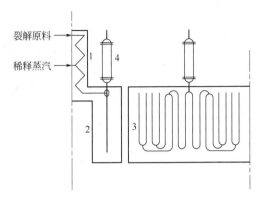

图 6-9　鲁姆斯 SRT-Ⅲ型裂解炉结构

1—对流室；2—辐射室；3—炉管组；4—急冷换热器

该炉型的特点如下。

① 管组排列为 4-2-1-1 方式，侧壁和炉底两种烧嘴，辐射加热面均匀。

② 炉管垂直排列，管间距宽大，双侧受热，热分布均匀，管不受自重应力，可自由膨胀。

③ 裂解原料在管内停留时间短，结焦率低。

④ 适用原料范围广，可裂解乙烷到柴油间的各种原料。

该炉型的管壁温度可达 1100℃，停留时间为 0.431～0.37s，以轻柴油为原料乙烯收率可达 23.25%～24.5%（质量分数），炉子热效率可达 93.5%。

（2）凯洛格毫秒裂解炉 MSF 炉型　美国凯洛格公司开发。炉型结构如图 6-10 所示。

该炉型的特点如下。

① 裂解反应管由单排垂直管组成，仅一程，热通量大，可使原料烃在极短的时间内加热至高温。

② 没有弯头，阻力降小，烃分压低，乙烯收率高。

③ 采用"猪尾管"分配进料流量，解决了进料均匀分配问题。

④ 原料适应范围广，可以裂解从乙烷到重柴油间的各种原料。

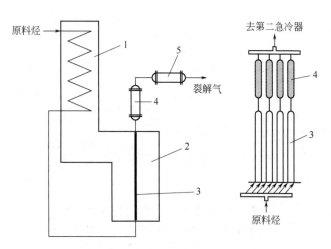

图 6-10　凯洛格毫秒炉结构示意
1—对流室；2—辐射室；3—炉管；4—第一急冷器；
5—第二急冷器

　　该炉型裂解气出口温度可达 850~880℃，停留时间为 0.05~0.1s，以石脑油为原料乙烯收率可达 32%~34.4%（质量）。

　　（3）三菱 M-TCF 倒梯台式裂解炉　日本三菱公司开发。炉型结构如图 6-11 所示。

　　该炉型的特点如下。

　　① 烧嘴分上下两层，加热均匀，无局部过热点，减少了结焦倾向。

　　② 采用椭圆形炉管，增大了传热面积。

　　③ 对流室设在裂解炉下部，急冷器设在出口管和炉顶之间，距离很小，减少了二次反应。

　　④ 炉子结构紧凑，投资少。

　　⑤ 适用原料范围广，可裂解乙烷到柴油间的各种原料。

　　（4）斯通-韦伯斯特超选择性裂解炉 USC　美国斯通-韦伯斯特公司开发。炉型结构如图 6-12 所示。

　　该炉型的特点如下。

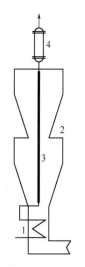

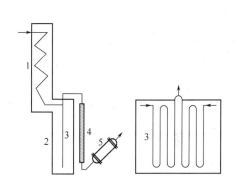

图 6-11　三菱倒梯台
　裂解炉结构示意
1—对流室；2—辐射室；
3—炉管；4—急冷器

图 6-12　斯通-韦伯斯特超
　选择性裂解炉结构示意
1—对流室；2—辐射室；3—炉管；
　4—第一急冷器；5—第二急冷器

① 采用两段急冷。

② 每组炉管成 W 形排列，4 程 3 次变径，单排。

③ 适用原料范围广，可裂解乙烷到柴油间的各种原料。

6.4.3　烃类热裂解工艺流程

烃类热裂解生产乙烯的工艺过程包括热裂解、裂解气预处理和分离。

裂解供热方式有直接和间接两种。目前，全世界各国广泛采用的是间接供热的管式炉法。

烃类热裂解的工艺流程包括原料油供给和预热系统、裂解和高压水蒸气系统、急冷油和燃料油系统、急冷水和稀释水蒸气系统。采用不同的裂解炉工艺流程是不同的。

（1）鲁姆斯裂解工艺流程　鲁姆斯裂解工艺典型流程如图6-13所示。

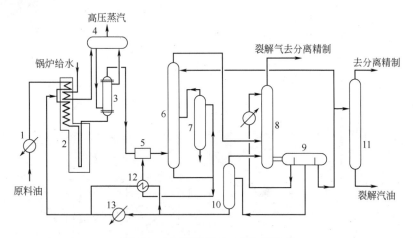

图 6-13 鲁姆斯裂解工艺流程示意

1—原料预热器；2—裂解炉；3—急冷锅炉；4—汽包；5—油急冷器；6—汽油分馏塔；7—燃料油气提塔；8—水洗塔；9—油水分离器；10—水气提塔；11—汽油气提塔；12，13—交叉换热器（稀释气发生器）

原料烃经原料预热器 1 与急冷器水和急冷油交叉换热后进入裂解炉 2 对流室，与稀释蒸汽混合预热至裂解始温后进入辐射室裂解。裂解炉出口的高温裂解气经急冷锅炉 3 急冷，终止裂解，同时副产高压蒸汽。急冷锅炉出口的裂解气经油急冷器 5 用急冷油进一步冷却，然后进入汽油分馏塔进行分馏。

在汽油分馏塔 6，汽油馏分及更轻的组分由塔顶蒸出送往水洗塔 8；塔釜分馏出的燃料油馏分和由急冷器中加入的急冷油，一部分与水气提塔釜流出的工艺水交叉换热冷却后，作为急冷油循环加入急冷器，一部分送燃料油气提塔 7 进行气提，提出的轻组分汽油馏分返回汽油分馏塔 6 再次分馏，重组分燃料油从塔釜送出，作为裂解的原料烃。

由汽油分馏塔 6 塔顶来的汽油馏分及更轻的组分进入水洗塔 8，用冷却水喷淋、冷却和分离，经水洗后的裂解气送往裂解气分离系统；水洗塔釜液是含有部分汽油馏分的洗涤水，送油水分离器分层分离。

经油水分离器 9 分离出的水,一部分经冷却后送回水洗塔回流,一部分经工艺水气提塔气提后,再由急冷油及蒸汽加热汽化后用作裂解烃稀释蒸汽。油水分离器 9 分离出的裂解汽油,一部分送回汽油分馏塔 11 分馏,一部分进入汽油气提塔气提后作为汽油产品油送出,汽油气提塔顶的裂解气送往裂解气分离系统。

（2）凯洛格毫秒炉裂解的工艺流程　凯洛格毫秒炉裂解工艺的典型流程如图 6-14 所示。

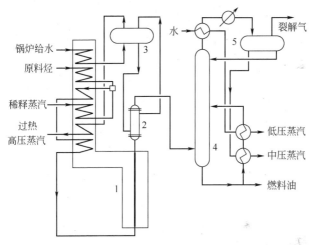

图 6-14　凯洛格毫秒炉裂解流程示意
1—裂解炉；2—急冷锅炉；3—汽包；4—急冷塔；5—水气分离器

原料烃进入裂解炉 1 对流室,与稀释蒸汽混合预热至裂解始温后进入辐射室进行裂解。裂解炉出口高温裂解气经急冷锅炉 2 急冷,终止裂解,同时副产高压蒸汽。

急冷锅炉 2 出口的裂解气进入急冷塔 4,急冷塔由汽油分馏塔和水洗塔两部分组成,上段为水洗段,下段为油洗段。急冷锅炉 2 来的裂解气经油洗、水洗后,汽油及比汽油重的其他燃料油馏分由塔釜采出,部分送出,部分经交叉换热冷却后返回急冷塔作急冷油。油洗、水洗分出的裂解气和水蒸气由急冷塔顶采出,经冷却冷凝后进入水气分离器 5 进行分离,水气分离器 5 分离出的水,部分作为急冷水返回急冷塔4，一部分经与急冷塔底采出的回流急冷油交叉换热后副产中压蒸汽；经水气分离器5分离出的裂解气送往分离精制系统。

（3）三菱倒梯台炉的裂解工艺流程　三菱倒梯台炉裂解工艺的典型流程如图6-15所示。

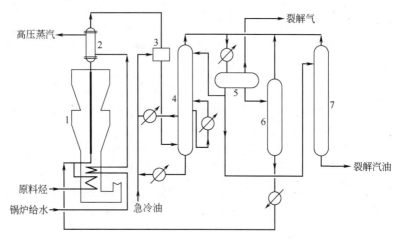

图 6-15　倒梯台炉裂解工艺流程示意
1—裂解炉；2—急冷锅炉；3—油急冷器；4—汽油分馏塔（油洗塔）；
5—油水气分离器；6—工艺水气提塔；7—汽油气提塔

原料烃进入裂解炉1对流室，与稀释蒸汽混合预热至裂解始温后进入辐射室进行裂解。裂解炉出口的高温裂解气经急冷锅炉2急冷，终止裂解，同时副产高压蒸汽。急冷锅炉2出口的裂解气经油急冷器3用急冷油进一步冷却，然后进入汽油分馏塔4进行分馏。在汽油分馏塔4，汽油馏分及更轻的组分由塔顶蒸出后，经冷凝冷却后进入油水气分离器5；塔釜馏出的重组分燃料油，经冷却后作油急冷器3的急冷油。油水气分离器5分离出的汽油馏分，一部分作为汽油分馏塔回流，一部分送去汽油气提塔7；油水气分离器分离出的水，进入工艺水气提塔6。在工艺水气提塔6，由油水气分离器分离出的水经气提后，塔釜工艺水经过热器汽化变为蒸汽，作为原料烃的稀释蒸汽去裂解炉；塔顶提出的裂解气经冷凝冷却后，返回油水气分离器5。

来自油水气分离器的汽油，经汽油气提塔7气提，裂解汽油由塔釜送出；塔顶分离出的裂解气经冷凝冷却，返回油水气分离器5。裂解气经油水气分离器5分离，送往裂解气分离精制系统。

6.4.4 裂解气的净化与分离

烃类热裂解得到的裂解气是组成复杂的气体混合物，其中，有目的产物乙烯、丙烯，又有副产物丁二烯、饱和烃以及对有机合成有害的杂质，如一氧化碳、二氧化碳、炔烃、水和含硫化合物等。

工业生产中，为了获取纯度单一烃或烃的馏分，必须对裂解气进行分离和提纯。裂解气分离的方法有多种。目前，工业上主要采用的是深冷分离法和油吸收精馏分离法。

深冷分离法　深冷分离法是应用最广泛的裂解气分离方法。其原理是利用裂解气中各组分的相对挥发度不同，在低温下将裂解气中除了甲烷和氢以外的其他烃全部冷凝下来，然后采用精馏的方法，将各种烃逐一分离。深冷分离法技术指标先进，产品收率高，质量好，但投资较高，流程复杂，动力设备多，需大量的低温合金钢，适用于加工精度高的大工业生产。

油吸收法　油吸收法的原理是利用裂解气中各组分在某种吸收剂中的溶解度不同，用吸收剂吸收出氢和甲烷以外的其他组分，然后用精馏的方法再把各组分从吸收剂中逐一分离。该法流程简单，动力设备少，仅需少量合金钢，投资少，但经济技术指标和产品纯度较差，适用于中小型石油化工企业。

（1）裂解气的净化工艺　裂解气分离前必须进行净化处理。净化过程包括裂解气的压缩、酸性气体的脱除、脱炔、脱一氧化碳、脱除水分等。

① 裂解气的压缩　裂解气中的许多组分的沸点很低，在常温常压下是气体。如果在常压下将这些组分冷凝分离，需要很低的温度，大大增加冷量的消耗，对设备的耐低温要求也很高，经济上不合理。为使经济合理，减少冷量和低温材料消耗，必须使各组分沸

点升高。根据物质沸点随压力升高的规律，需要对裂解气进行压缩，以提高其沸点。

裂解气是一种易燃易爆的气体，要求压缩过程要有良好的密封，采取正压操作，防止空气漏入。压缩流程如图 6-16 所示。

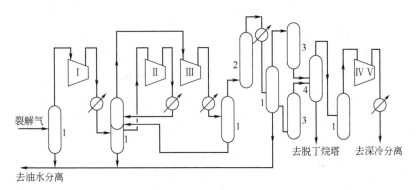

图 6-16　裂解气压缩流程

Ⅰ～Ⅴ—1～5 段压缩机；1—分离罐；2—碱洗塔；3—干燥器；4—脱丙烷塔

② 酸性气体的脱除　裂解气中的酸性气体，主要是二氧化碳和硫化氢。酸性气体对裂解气的分离和利用危害很大，必须除去。工业生产中，一般采用吸收法脱除酸性气体。常用的吸收剂有 NaOH 和乙醇胺。酸性气体含量少的裂解气，多采用 NaOH 吸收（即碱洗）；酸性气体含量较多的裂解气，采用乙醇胺法。碱洗法的工艺过程，如图 6-17 所示。

③ 水分的脱除　裂解气中的水分是急冷和碱洗的时候带入的，在低温下水分会凝结成冰，还会与烃类物质生成水合物质的结晶。形成的冰和水合物结晶，粘结在设备和管壁上，堵塞管道和设备。除去水分的方法有多种，广泛采用的是以分子筛为吸附剂的固体吸附法。分子筛脱水的工艺过程，如图 6-18 所示。

④ 脱炔和一氧化碳　裂解气中少量的乙炔和 CO 会严重影响乙烯和丙烯的质量。乙炔的存在，影响合成催化剂的寿命，恶化乙烯聚合物性能，积累过多，还有爆炸的危险。丙炔、丙二烯的存在影响丙烯的合成和聚合反应。

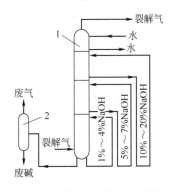

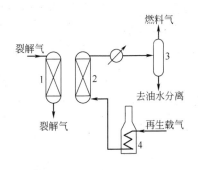

图 6-17　裂解气碱洗工艺流程

1—碱洗塔；2—脱气槽

图 6-18　裂解气脱水工艺流程

1—操作干燥器；2—再生干燥器；

3—气液分离器；4—加热炉

除去乙炔的方法有选择性催化加氢和溶剂吸收，工业上大多采用前者。工业上除去 CO 的方法主要是甲烷化法，即催化加氢法。

a. 加氢脱乙炔　　　$C_2H_2 + H_2 \longrightarrow C_2H_4$

加氢的工艺流程，如图 6-19 所示。

b. 溶剂吸收脱乙炔　　工业上常用二甲基甲酰胺作吸收剂，吸

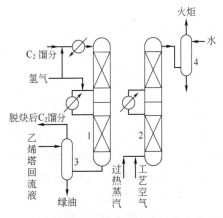

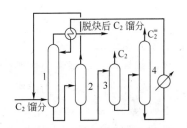

图 6-19　催化加氢脱炔及再生流程

1—加氢反应器；2—再生反应器；

3—绿油吸收塔；4—再生气洗涤塔

图 6-20　溶剂吸收脱乙炔流程

1—吸收塔；2—第一闪蒸塔；

3—第二闪蒸塔；4—解吸塔

收乙炔，其工艺过程如图 6-20 所示。

（2）裂解气的分离工艺　裂解气分离是典型的多组分分离过程。一个合理的分离流程，对于减少费用、降低成本、提高产品质量、保证安全生产是非常重要的。

图 6-21 所示为深冷分离流程示意图。

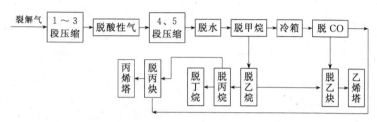

图 6-21　深冷分离一般方案流程示意图

裂解气深冷分离的工艺分为三部分：气体净化系统、压缩和深冷系统和精馏分离系统。

① 裂解气分离流程　根据裂解气净化、精馏在流程中的位置的不同，即按裂解气组分的分离程序先后，裂解气深冷分离有多种方案。工业上常用的有顺序分离流程、前脱乙烷流程、前脱丙烷流程。

a. 顺序分离流程　顺序分离流程就是将裂解气按含碳原子数的多少，由轻到重逐一分离，其流程如图 6-22 所示。

裂解气经三段压缩后，进入碱洗塔 2 脱去硫化氢和二氧化碳等酸性气体；然后再进行 4、5 段压缩，压缩后的裂解气进入脱水器 4 除去水分；经过冷箱的多级冷冻后进入脱甲烷塔 6。脱甲烷塔 6 塔顶的甲烷和氢气经节流膨胀进入冷箱 5，回收部分冷量并提纯氢气，氢气用作后加氢脱炔器的原料，甲烷作为燃料引出；脱甲烷塔釜液馏分进入第一脱乙烷塔 7。在第一脱乙烷塔 7 塔顶 C_2 馏分进入脱炔反应器 10，使裂解气中的乙炔转化为乙烯和乙烷，加氢后的 C_2 馏分进入第二脱甲烷塔 8。第二脱甲烷塔 8 将 C_2 馏分中的甲烷和氢气由塔顶脱出，返回压缩机进行回收；塔釜的 C_2 馏分进入乙烯塔 9。主要含有乙烯和乙烷的 C_2 馏分经乙烯塔精馏，塔顶得

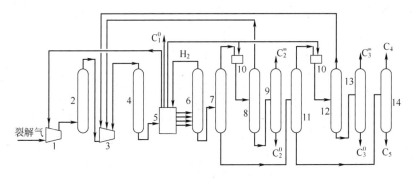

图 6-22　裂解气顺序分离工艺流程

1—1～3 段压缩机；2—碱洗塔；3—4，5 段压缩机；4—脱水器；5—冷
箱；6—脱甲烷塔；7—第一脱乙烷塔；8—第二脱甲烷塔；9—乙烯塔；
10—脱炔反应器；11—脱丙烷塔；12—第二脱乙烷塔；13—丙烯塔；
14—脱丁烷塔

到高纯度乙烯产品，塔釜的乙烷作为裂解原料送回裂解炉。

第一脱乙烷塔 7 塔釜的 C_3 及其重馏分送入脱丙烷塔 11，塔顶
分离出 C_3 馏分，经脱炔反应器 10 脱除其中的丙炔和丙二烯，然后
送入第二脱乙烷塔 12；塔釜 C_4 及其以上的重馏分送脱丁烷塔 14。
在第二脱乙烷塔 12 脱去加氢带入的 C_3 以下的馏分后，送压缩机回
收；塔釜馏分送入丙烯塔 13 进行精馏。丙烯精馏塔 13 塔顶得到高
纯度丙烯产品，塔釜为丙烷馏分。

脱丙烷塔 11 塔釜的 C_4 及以上馏分送脱丁烷塔 14，脱丁烷塔
14 塔顶可得 C_4 馏分；塔釜得到 C_5 及其以上馏分，可分别送往其
他工序处理。

b. 前脱乙烷分离流程　该流程以乙烷和丙烯为分离界限，先
将裂解气分离成两部分。一部分是轻组分，即乙烷及比乙烷轻的组
分（包括氢、甲烷、乙烯、乙烷）；另一部分是重组分，即丙烯及
比丙烯重的组分（包括丙烯、丙烷、丁烯、丁烷和碳五以上的烃
类）。而后再将这两部分各自进行分离。流程如图 6-23 所示。

裂解气经三段压缩后，进入碱洗塔 2，在碱洗塔脱去硫化氢和
二氧化碳等酸性气体，然后再进入 4、5 段压缩。压缩后的裂解气

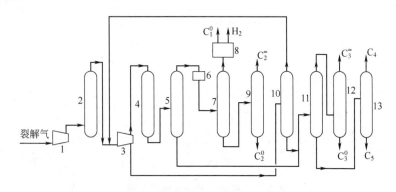

图 6-23　裂解气前脱乙烷工艺流程

1—1～3 段压缩机；2—碱洗塔；3—4，5 段压缩机；4—脱水器；

5—脱乙烷塔；6—脱炔反应器；7—脱甲烷塔；8—冷箱；

9—乙烯塔，10—高压蒸出塔；11—脱丙烷塔；

12—丙烯塔；13—脱丁烷塔

部分进入脱水器 4 除去水分，部分送往高压蒸出塔 10，将部分 C_3 及以上馏分由塔釜馏出。经脱水器 4 脱除水分后的裂解气进入脱乙烷塔 5，C_2 馏分由塔顶分出，经脱炔反应器 6 进行加氢，将裂解气中的乙炔转化为乙烯和乙烷，加氢后的 C_2 馏分进入脱甲烷塔 7。在脱甲烷塔 C_2 馏分中的甲烷和氢气由塔顶蒸出，经节流膨胀进入冷箱 8，回收部分冷量并提纯氢气，而后作为后加氢的原料，甲烷作为燃料引出；脱甲烷塔釜 C_2 馏分进入乙烯塔 9 精馏，乙烯精馏塔顶得到高纯度乙烯产品，塔釜的乙烷作为裂解原料送回裂解炉。

脱乙烷塔 5 塔釜液和高压蒸出塔 10 塔釜液（C_3 及以上馏分），送入脱丙烷塔 11 进行分离。脱丙烷塔顶分离出的 C_3 馏分，进入丙烯塔 12 精馏。丙烯精馏塔顶得到高纯度丙烯产品，塔釜得到丙烷馏分。

脱丙烷塔 11 塔釜的 C_4 及以上馏分，送入脱丁烷塔 13 分离。脱丁烷塔顶得 C_4 馏分，塔釜得到的 C_5 及以上馏分分别送往其他工序处理。

高压蒸出塔 10 塔顶分离出的 C_2 及以下馏分送回压缩机，再次进行分离。

c. 前脱丙烷分离流程　该流程以丙烷和丁烯为分离界限，先将裂解气分离成两部分，一部分是轻组分，即丙烷及比丙烷轻的组分（包括氢、甲烷、乙烯、乙烷、丙烯、丙烷）；一部分是重组分，即丁烯及比丁烯重的组分（包括丁烯、丁烷和碳五以上的烃）。而后再将这两部分各自进行分离。流程如图 6-24 所示。

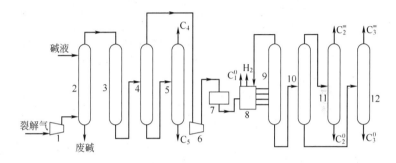

图 6-24　裂解气前脱丙烷工艺流程

1—1～3 段压缩机；2—碱洗塔；3—脱水塔；4—脱丙烷塔；
5—脱丁烷塔；6—4，5 段压缩机；7—脱炔反应器；
8—冷箱；9—脱甲烷塔；10—脱乙烷塔；
11—乙烯塔；12—丙烯塔

　　裂解气经三段压缩后进入碱洗塔 2，在碱洗塔脱去硫化氢和二氧化碳等酸性气体，然后再进入脱水塔 3 除去水分。脱除水分的裂解气进入脱丙烷塔 4，C_3 及以下馏分由脱丙烷塔顶馏出，经 4、5 段压缩后，进入脱炔反应器 7 进行加氢反应。加氢脱炔后的馏分进入冷箱 8 冷却，再经多级压缩后送入脱甲烷塔 9 分离。在脱甲烷塔 9，塔顶的甲烷和氢气经膨胀进入冷箱，回收部分冷量并提纯氢气，作后加氢脱炔器的原料，甲烷作为燃料引出；脱甲烷塔釜馏分进入脱乙烷塔 10 分离。脱乙烷塔顶馏出的 C_2 馏分送入乙烯精馏塔 11，乙烯精馏塔顶得到高纯度的乙烯产品；塔釜的乙烷作裂解原料送回裂解炉。脱乙烷塔釜馏出的 C_3 馏分送入丙烯精馏塔 12，丙烯精馏塔顶得到高纯度丙烯产品，塔釜的丙烷送出。

脱丙烷塔 4 塔釜馏出的 C_4 及以上的馏分，经脱丁烷塔 5 精馏，分别由塔顶、塔釜得到 C_4 馏分和 C_5 及以上馏分，分别送往其他工序处理。

三种裂解气分离的流程各具特色。表 6-1 是三种深冷分离流程的技术经济指标的比较。

表 6-1　深冷分离流程的比较

比较项目	顺序分离流程	前脱乙烷分离流程	前脱丙烷分离流程
操作情况	脱甲烷塔居首,釜温低,不易堵塞再沸器	脱乙烷塔居首,压力高,釜温高。如 C_4 以上重质烃含量高,二烯烃在再沸器易聚合,造成堵塞,影响操作,且损失丁二烯	脱丙烷塔居首,至于压缩机段间,可先除去 C_4 以上重质烃再进入脱甲烷塔、脱乙烷塔,可以防止二烯烃在再沸器聚合
对原料的选择性	对各种原料的裂解气都适应	不能处理含 $C_4^=$ 多的裂解气。适宜处理含 C_3、C_4 较多而 $C_4^=$ 较少的气体。如炼厂气先分离后再裂解的裂解气	适宜处理重质原料的裂解气
干燥负荷	干燥放在流程中压力较高、温度较低的位置,有利于吸附,露点易保证,干燥负荷较低	情况如左顺序分离情况	因脱丙烷塔在压缩 3 段出口,故干燥只能设在低压位置,且 3 段出口 C_3 以上重质烃可能冷凝下来,影响分子筛吸附性能,所以负荷大,费用高
催化加氢脱炔方案	若裂解气含丁二烯多则不宜用前加氢,否则丁二烯加氢受损失,且可能出现"飞温"现象	可用后加氢,但采用前加氢更有利。因为脱乙烷塔塔顶出来的只是甲烷、氢～碳二馏分,加氢时不会发生丁二烯损失	可用前加氢或后加氢
冷量消耗	全馏分进入脱甲烷塔,加重了脱甲烷塔冷冻负荷,高能位冷量消耗多,冷量利用不合理	C_3、C_4 烃不在脱甲烷塔冷凝而在脱乙烷塔冷凝,消耗低能位能量少,冷量利用较合理	C_4 烃再脱丙烷塔冷凝,冷量利用较合理

比较项目	顺序分离流程	前脱乙烷分离流程	前脱丙烷分离流程
热量消耗	后加氢的原料气是脱乙烷塔塔顶气相出料 C_2 馏分,加热量少	若为后加氢,则原料气由脱甲烷塔塔釜液相出料,需加热汽化,耗热量多	用前加氢,原料气来自压缩机 4 段出口,可利用压缩热,节省了热量
机械功消耗	后加氢,需设第二脱甲烷塔或侧线出料的乙烯精馏塔,返回压缩机的循环气较多,机械功消耗较大	若为后加氢,情况如左顺序分离情况	不设第二脱甲烷,乙烯精馏塔塔顶循环气量较少,机械功消耗较小
设备多少	流程长,设备多	根据加氢方案不同而异	采用前加氢时,设备较少

例如,裂解气轻组分含量较多,顺序分离流程比较优越。因为脱甲烷塔可脱除大量的轻组分,使后继塔的物料处理量减少,从而缩小后续设备的尺寸、减少能量消耗。若裂解气含重组分较多,前脱乙烷或前脱丙烷的分离流程比较好。脱乙烷或脱丙烷塔首先将重组除去,减少了脱甲烷塔处理量,节省了低冷冻能量的消耗,缩小了脱甲烷塔尺寸,节省了低温钢材。

② 脱甲烷与乙烯、丙烯的精馏过程 在裂解气深冷分离过程中,脱甲烷和乙烯精馏在整个分离系统的能量消耗中所占比例很大(脱甲烷约占 52%,乙烯精馏约占 36%),对于保证乙烯收率和纯度具有决定性作用。因此,脱甲烷和乙烯精馏操作的好坏,直接关系到产品乙烯的质量、产量和成本,是裂解气深冷分离过程的关键。

a. 脱甲烷过程 脱甲烷过程是由脱甲烷塔和冷箱两部分组成,中心任务是将裂解气中比乙烯轻的组分分离出去。为提高乙烯的收率和纯度,要求分离出的轻组分中乙烯含量尽可能少,重组分中甲烷含量尽可能低。

b. 乙烯回收和富氢的提取与提纯 乙烯回收和富氢的提取与提纯过程,根据冷箱所处位置不同,分为前冷(冷箱在脱甲烷塔之前)和后冷(冷箱在脱甲烷塔之后)两种工艺流程。

前冷工艺过程 裂解气在进入甲烷塔之前,先在冷箱中利用不同级位的温度逐级对原料气进行部分冷凝，较重组分先冷凝，较轻组分后冷凝，部分甲烷和氢气不凝。冷凝液分多股分别送入脱甲烷塔，如图 6-25 所示。

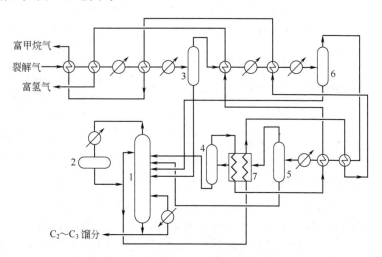

图 6-25　前冷（前脱氢）工艺流程

1—脱甲烷塔；2—回流罐；3, 4, 5, 6—气液分离器；7—冷箱

裂解气经冷却冷凝后，进入气液分离器，分离出的液体送往脱甲烷塔，分离出的气体去换热器，经进一步冷却冷凝后，再进入气液分离器，分离出的液体送往脱甲烷塔，分离出的气体再进一步冷却冷凝，进入气液分离器，分离出的液体送往脱甲烷塔，未凝气体经冷箱进一步冷却冷凝后，进入气液分离器，分离出的液体送脱甲烷塔，分离出的富氢气返回冷箱回收冷量，再经交叉换热回收冷量后，送氢气提纯工序。

在脱甲烷塔，塔顶馏出的富甲烷经多步交叉换热后送出作燃料，塔釜馏出的 C_2 及 C_3 馏分需进一步分离。

前冷分离工艺的特点是：裂解气进入脱甲烷塔前预分离，减轻了脱甲烷塔的负荷；冷箱中由高温到低温，逐级、依次冷凝重组分和轻组分，节省低温级的冷剂；可获得纯度较高的富氢；可提高乙烯收率。

后冷工艺过程　主要包括尾气中乙烯的回收和富氢的提取，如图 6-26 所示。

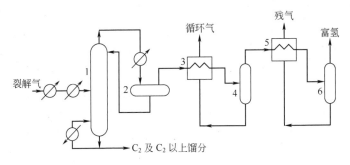

图 6-26　脱甲烷后冷工艺流程

1—脱甲烷塔；2—回流分离器；3—冷箱一级换热器；4—冷箱

一级分离器；5—冷箱二级换热器；6—冷箱二级分离器

裂解气经几步预冷后进入脱甲烷塔，塔釜馏出 C_2 及以上的馏分；塔顶馏出的主要是甲烷和氢气，经冷凝进入回流分离器，液体送回脱甲烷塔顶作回流，未冷凝气含少量乙烯的甲烷和氢气，进入冷箱一级换热器，降温后大部分乙烯变为凝液，进入冷箱一级分离器回收乙烯，经冷箱一级换热器节流膨胀交叉换热回收冷量后送裂解炉；由冷箱一级分离器分出的甲烷和氢气，送入冷箱二级换热器，降温后甲烷冷凝，进入冷箱二级分离器回收氢气，分离液经冷箱换热器节流膨胀交叉换热回收冷量后，得到富含甲烷的残气，送出作燃料。

c. 乙烯精馏　乙烯精馏的任务是将乙烷和乙烯分离，乙烯精馏塔是裂解气分离装置中的关键塔。如果甲烷含量较高，需要设第二脱甲烷塔（裂解气顺序分离流程中有体现），物料进入乙烯精馏塔之前，先在第二脱甲烷塔脱甲烷。若 C_2 馏分中甲烷含量很小时，可采用乙烯精馏塔侧线采出乙烯的技术，塔顶引出的甲烷和少量氢气、少量乙烯返回压缩系统。乙烯精馏塔侧线采出乙烯，使乙烯精馏塔兼有第二脱甲烷塔和乙烯精馏塔的作用，既节约能量，也了减少设备投资。如图 6-27 所示。

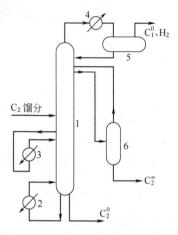

图 6-27 带有中间再沸器和侧线
采出的乙烯精馏流程
1—精馏塔；2—塔釜再沸器；3—中间
再沸器；4—塔顶冷凝器；5—塔顶回
流罐；6—分离器

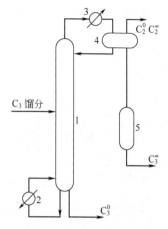

图 6-28 丙烯精馏流程
1—精馏塔；2—塔釜再沸器；
3—塔顶冷凝器；4—塔顶回
流罐；5—丙烯贮槽

d. 丙烯精馏　丙烯精馏是分离丙烷和丙烯的过程，丙烯精馏塔顶得到丙烯产品，塔釜得到丙烷。丙烯精馏的流程如图 6-28 所示。

6.5　乙烯氧化生产乙醛

6.5.1　概述

（1）乙醛的性质及用途　乙醛是易挥发的无色液体，具有刺激性气味，能与水、乙醇、乙醚等无限溶解。沸点 20℃。

乙醛是一重要的中间体，主要用于生产醋酸、醋酐、醋酸乙烯、丁醇和 2-乙基己醇等重要的基本有机化工原料及产品，被广泛应用于医药、化学纤维和合成纤维、塑料、农药、香料等工业。

（2）乙醛的生产方法

① 乙炔水合法　乙炔和水蒸气在高价汞盐催化剂作用下反应生成乙醛。

$$C_3H_3 + H_2O \longrightarrow CH_3CHO$$

乙炔水合法已有 90 年的工业化历史，至今工业上已极少采用。该法以乙炔为原料，乙炔主要由电石水解得到，耗电量巨大，且需用有毒的汞盐作催化剂，环境污染严重，故已基本被淘汰。

② 乙醇脱氢或乙醇氧化脱氢法　乙醇催化脱氢生成乙醛；乙醇在氧的存在下进行脱氢。

$$C_2H_5OH \longrightarrow CH_3CHO + H_2$$

$$C_2H_5OH + \frac{1}{2}O_2 \longrightarrow CH_3CHO + H_2O$$

乙醇氧化脱氢法技术成熟，乙醛产率可达 95%，但由于乙醇来源成本较高，因而此法发展亦受到限制。

③ 丙烷-丁烷气相直接氧化法　此法受原料产地和纯度影响，氧化产物复杂，产品分离困难，乙醛产率低，在美国工业化很早，但一直没有大发展。

④ 乙烯直接氧化法　此法于 20 世纪 50 年代末开发，由于原料丰富、乙烯价廉、工艺过程简单、工艺条件温和、乙醛选择性高的特点，一经实现工业化后，很快便成为乙醛的主要生产方法。

乙烯直接氧化法反应分为三步。

a. 乙烯羰基化

$$C_2H_4 + PdCl_2 + H_2O \longrightarrow CH_3CHO + Pd + 2HCl$$

b. 钯的再氧化

$$Pd + 2CuCl_2 \longrightarrow PdCl_2 + 2CuCl$$

c. 氯化亚铜的氧化反应

$$2CuCl + 2HCl + \frac{1}{2}O_2 \longrightarrow 2CuCl_2 + H_2O$$

乙烯直接氧化法又分为一步法和二步法。

6.5.2　乙烯一步法生产乙醛

一步法工艺是指羰基化反应和氧化反应在同一反应器之中进行，用氧气作氧化剂，又称氧气法。

（1）反应原理和工艺条件　以乙烯和氧气（或空气）为原料，在氧化钯、氯化铜催化剂的盐酸溶液中，进行液相氧化生产乙醛，其总反应式如下：

$$C_2H_4 + \frac{1}{2}O_2 \longrightarrow CH_3CHO$$

为保证良好的反应效果，必须选择适宜的工艺条件，如原料气的配比和纯度、反应温度、反应压力以及 pH 值等。

① 原料气的纯度和配比　由于催化剂钯容易中毒，如果原料气中含有炔烃和硫化氢等杂质，将大大影响催化剂效能。乙炔与催化剂溶液中的亚铜作用生成乙炔铜，并能与钯盐作用，生成钯炔化合物并析出金属钯，乙炔铜和钯炔化合物都是难溶物质，而且容易爆炸。乙炔铜和钯炔的生成会使催化剂溶液活性降低，并引起发泡现象。硫化物的影响也很明显，在酸性溶液中，氯化钯与硫化氢作用能生成硫化钯沉淀。原料气中一氧化碳的存在，也会与钯盐反应析出金属钯。因此原料气的纯度尤其是乙烯的纯度必须严格控制。

一般要求原料乙烯的纯度大于 99.5%，乙炔含量小于 30ppm❶，硫化氢含量小于 3ppm，氧气的纯度要求达到 99.5%。

② 原料配比　从乙烯氧化生成乙醛的反应方程式看，原料气乙烯和氧气的理想配比是 2:1，但在一步法工艺中，乙烯和氧气同时进入反应器中反应，理想配比正好处在乙烯与氧气混合气的爆炸范围内（常温常压下，乙烯与氧气混合爆炸范围是 3%~80%，此范围还会随着温度和压力升高而扩大），这样生产的安全将无法保证。因此实际生产中，通常采用乙烯大大过量的方法，使混合气处于爆炸范围之外。由于乙烯大大过量，其转化率会降低（一般大约在 30%~35%），未转化乙烯要进行循环利用。

在实际生产中，除了要严格控制进料原料气配比，反应后混合气（即循环气）的组成也要严格控制。有研究表明，当循环气中氧含量大于 12%，乙烯含量小于 58% 时，会形成爆炸混合物。因此为了保证安全，一般控制循环气中氧含量小于 9%，乙烯含量大于 60%。由于反应后气体组成受反应过程影响较大，因此为了保证安

❶ 1ppm＝10^{-6}。

全生产，工艺中要设置自动报警联锁停车系统，当循环气中氧含量达到 9%，乙烯含量降低至 60% 时，装置将自动停车。

③ 反应压力　乙烯氧化生成乙醛反应在液相催化剂中进行，是一个气液相反应，增加压力有利于气体溶解在液体中，提高反应速度，但综合能耗、设备腐蚀及副产物生成等几个因素，一般选取操作压力为 $2.94 \times 10^5 \sim 3.43 \times 10^5 Pa$。

④ 反应温度　乙烯氧化生成乙醛的反应是一个放热量较大的反应，温度升高有利于提高反应速度，但会降低反应转化率。反应中，为了及时移出反应热，保证反应温度稳定，通常采用乙醛与水的蒸发，吸收蒸发潜热以带走反应热，因此要保证反应在沸腾状态下进行。综合平衡，当反应压力在 $2.94 \times 10^5 \sim 3.43 \times 10^5 Pa$ 条件下，一般控制温度在 $120 \sim 130 ℃$ 范围内。

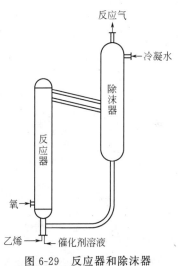

图 6-29　反应器和除沫器

（2）一步法工艺流程

① 反应器选择　乙烯络合催化氧化一步合成乙醛的反应是一个气液相反应，传质过程对反应速度有显著影响。因此选择反应器时，要求气液相间有充分的接触表面且有良好的传质条件，催化剂溶液有充分的轴向混合以达到整个反应器内浓度的均一，并能将反应热

及时移出。工业上选用的是具有循环管的鼓泡塔式反应器，结构如图 6-29 所示。原料乙烯和循环气的混合气与氧气分别鼓泡通入塔内，由于反应是在沸腾状态下进行，因此整个反应器充满着气液混合物。这种气液混合物经反应器上部侧线进入除沫分离器，借助气液混合物流速减小并降温，使催化剂溶液沉降下来，经循环管回流回反应器。

② 工艺流程　如图 6-30 所示。

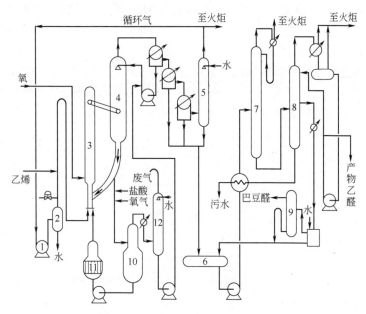

图 6-30　一步法生产乙醛工艺流程
1—水环泵；2—水分离器；3—反应器；4—除沫器；5—水洗收塔；
6—粗乙醛贮槽；7—脱轻组分塔；8—乙醛精馏塔；9—巴豆醛塔；
10—分离器；11—分解器；12—水洗塔

新鲜乙烯与循环气混合后从反应器底部通入，新鲜氧气从反应器侧线送入，在反应器内反应后的反应混合物经过反应器上部的导管进入除沫分离器，气体速度降低，并在顶部冷凝液作用下，气液分离，反应气体自除沫器顶部逸出，催化剂溶液自除沫器底部循环回反应器。自除沫器顶部逸出的含有产物乙醛的气体，经第一冷凝器将大部分水蒸气冷凝下来，凝液返回除沫器顶部。自第一冷凝出来的气体再进入第二、第三冷凝器，将乙醛和高沸点副产物冷凝下来，未凝气进入水吸收塔，自顶部喷淋下的水将未凝乙醛气吸收，吸收液和第二、第三冷凝器的冷凝液汇合后一起进入粗乙醛贮槽。吸收塔顶部出来的气体（主要含乙烯和少量氧气以及少量惰性气体），大部分循环使用，一部分排至火炬。

粗乙醛贮槽中的粗乙醛水溶液首先进入脱轻组分塔（精馏）除去低沸点的氯甲烷、氯乙烷及溶解的二氧化碳和乙烯等，为了减少乙醛损失，在轻组分塔顶部加入吸收水吸收轻组分中残留的少量乙醛。从脱轻组分塔底部出来的粗乙醛溶液进入精馏塔，产品乙醛自水溶液中蒸出。塔中上部侧采分离出巴豆醛等副产物。

为了保证催化剂溶液高活性，需及时引出一部分催化剂溶液进行再生。将一部分催化剂溶液自除沫器底部循环管中引出，通入氧和补充盐酸，使一价铜离子氧化，然后减压降温进入分离器，在分离器中，含乙醛的水溶液从顶部逸出进入水洗涤塔，经水洗涤的回收乙醛水溶液送回除沫器顶部。分离器底部的催化剂溶液进入分解器，经加压和通蒸汽升温将草酸铜氧化分解，最后送回反应器。

6.5.3　鼓泡塔反应器

气体以鼓泡形式通过催化剂液层进行化学反应的塔式反应器，称作鼓泡塔反应器，简称鼓泡塔。

应用最为广泛的鼓泡塔反应器，其基本结构是内盛液体的空心圆筒，底部装有气体分布器，壳外装有夹套或其他形式的换热器，或设有扩大段、液滴捕集器等，如图 6-31 所示。

为了增加气液相接触面积和减少返混，可在塔内的液体层中放置填料，这种塔称作填料鼓泡塔。它和一般的填料塔不同，一般填料塔中的填料不浸泡在液体中，只是在填料表面形成液层，填料之间的空隙是气体。而填料鼓泡塔中的填料是浸没在液体中，填料中的空隙全是鼓泡液体。这种塔的大部分反应空间被惰性填料所占据，传质效率较低，不如中间设有隔板的多段鼓泡塔。

结构较为复杂的鼓泡塔是气体升液式鼓泡塔，如图 6-32 所示。这种鼓泡塔与简单空床鼓泡塔的不同之处在于塔内装有一根或几根

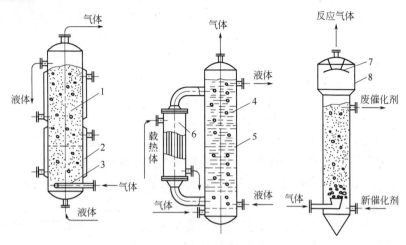

图 6-31 简单鼓泡塔
1—分布格板；2—加套；3—气体分布器；4—塔体；5—挡板；
6—塔外换热器；7—液体捕集器；8—扩大段

气升管。依靠气体分布器将气体输送到气升管的底部，在气升管中

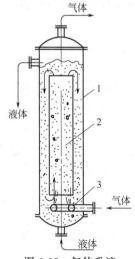

图 6-32 气体升液
式鼓泡塔
1—筒体；2—气升管；
3—气体分布器

形成气液混合物，此混合物的密度小于气升管外液体的密度，从而引起气液混合物向上流动，气升管外的液体向下流动，使液体在反应器内形成循环流动。这种鼓泡塔中气流的搅动比简单鼓泡塔激烈得多，因而可以用于处理不均一的液体。

6.5.4 乙烯二步法生产乙醛

二步法工艺是指羰基化反应和氧化反应分别在不同的反应器中进行，用空气作氧化剂，又称空气法。

二步法中第一部羰基化反应选择的反应器为管式反应器，第二步氧化反应选择的反应器也是管式反应器。二步法生产乙醛乙烯的单程转化率可达 99%，

可以选择纯度不高的原料乙烯，用空气代替氧气。

二步法反应部分工艺流程如图6-33所示。

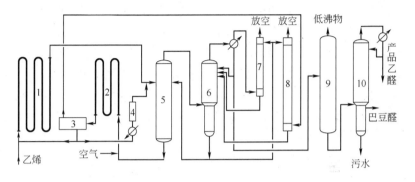

图 6-33　二步法生产乙醛工艺流程
1—羰化反应器；2—氧化反应器；3—分离器；4—再生器；
5—闪蒸塔；6—初馏塔；7—脱气塔；8—洗涤塔；
9—脱轻组分塔；10—乙醛精馏塔

原料气乙烯与催化剂溶液在羰基化反应管中进行反应生成乙醛。反应后含有产品乙醛的催化剂溶液随即进入闪蒸塔泄压，泄压过程中乙醛和水迅速汽化并从塔顶蒸出，进入初馏塔进一步与夹带的催化剂溶液分离。经初馏塔回收的催化剂溶液由塔釜出来返回闪蒸塔，与闪蒸塔分出的催化剂溶液汇合，由塔釜引出与空气混合后进入氧化反应器反应，在氧化反应管中，催化剂溶液中氯化亚铜氧化为氯化铜，氧化后的催化剂进入分离器与剩余的空气分离后，大部分再送入羰基化反应管，小部分送入再生器进行再生，然后回到系统。

由初馏塔塔顶蒸出的含乙醛馏分冷凝后进入脱轻组分塔，脱去低沸物，然后进入乙醛精馏塔，进一步脱去高沸物，从高沸物塔顶引出产物乙醛。初馏塔塔顶未凝气体送入脱气塔，回收液体返回初馏塔，气体经火炬放空。

从分离器中分离出的不凝气（主要是为反应空气和氮气）送入洗涤塔和脱气塔，回收夹带的催化剂溶液和乙醛。洗涤后的气体经火炬放空，液体返回初馏塔。

6.5.5 管式反应器

管式反应器主要用于气相或液相连续反应过程，有单管和多管之分，多管中又有多管平行连接和多管串联连接两种形式。单管（直管或盘管）式因其传热面积较小，故一般仅适用于热效应较小的反应过程。多管式反应器具有比表面积大、有利于传热的优点。其中多管串联式，物料流速大，传热系数较大；多管平行连接式，虽然物料流速较低，传热系数较小，但压力损失小。几种典型的管式反应器如图 6-34 所示。

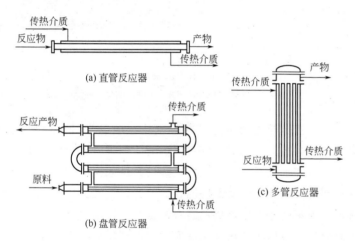

(a) 直管反应器

(c) 多管反应器

(b) 盘管反应器

图 6-34 连续操作的管式反应器

由于管式反应器能承受较高的压力，故用于加压反应尤为合适。管式反应器中物料的返混程度小，反应物浓度高，因而反应速度较快，这在许多场合下是有利的，使得管式反应器得到了广泛的应用。均相管式反应器的应用实例有石油烃裂解制乙烯、丙烯；硫酸催化环氧乙烷水合生产乙二醇等。管式反应器还广泛用于气固和液固非均相催化反应过程，例如以氯化氢、乙炔为原料，以氯化汞为催化剂（活性炭为载体）的氯乙烯合成过程；以乙烯为原料，银为催化剂，合成环氧乙烷的过程等。

6.6 乙烯氧化偶联生产醋酸乙烯

6.6.1 概述

（1）醋酸乙烯的性质和用途　醋酸乙烯是无色可燃性液体，具有醚的特殊臭味。微溶于水，能溶于大多数有机溶剂中。可与水、甲醇、异丙醇、环己烷等形成共沸物。蒸汽与空气可形成爆炸混合物，爆炸极限上限为 13.4%，下限为 2.6%（体积）。醋酸乙烯的蒸汽对眼有刺激性。

醋酸乙烯的重要化学性质是易聚合。能自聚或与别的有机物共聚。

醋酸乙烯的主要用途是制造聚醋酸乙烯和聚乙烯醇。聚醋酸乙烯被广泛地用做水溶性涂料和黏结剂，它对金属、瓷器、木材、纸张等都有优良的粘结力。聚乙烯醇用做维尼纶纤维的原料、黏合剂、土壤改良剂等。醋酸乙烯与乙烯共聚的产物用于织物和纸张涂层，又用于书籍的装订及热熔黏合剂。醋酸乙烯和氯乙烯的共聚物用于密纹唱片、织物涂层等。

（2）醋酸乙烯的生产方法　根据原料路线的不同，工业上生产醋酸乙烯的方法有乙炔法和乙烯法两种。

① 乙炔法　乙炔和醋酸在催化剂作用下进行加成反应。

$$C_2H_2 + CH_3COOH \longrightarrow CH_3COOC_2H_3$$

乙炔法生产醋酸乙烯，是 20 世纪 20 年代开始工业化的。生产历史悠久，技术路线成熟，在石油资源日益紧张，煤炭资源比较丰富的地区，仍有一定的现实意义。

② 乙烯法　乙烯和醋酸氧化偶联反应生成醋酸乙烯。

两个反应物分子共同失去一分子氢而结合成一个新分子，氢则氧化为水，这类反应称为氧化偶联反应。

$$CH_2=CH_2 + CH_3COOH + \frac{1}{2}O_2 \longrightarrow CH_2=CH- + H_2O$$

乙烯制取醋酸乙烯 20 世纪 60 年代末实现了工业化，并迅速成为醋酸乙烯生产的主流方法。此法从目前看成本明显低于乙炔法。

6.6.2　乙烯氧化偶联反应原理

（1）反应原理

主反应：即乙烯与醋酸氧化偶联反应。

$$CH_2\!\!=\!\!CH_2+CH_3COOH+\frac{1}{2}O_2 \longrightarrow CH_2\!\!=\!\!CH\!\!-\!\!+H_2O$$

催化剂是 $Pd\!-\!Au\!-\!CH_3COOK/SiO_2$。

副反应：主要副反应是乙烯完全氧化。

$$CH_2\!\!=\!\!CH_2+3O_2 \longrightarrow 2CO_2+2H_2O$$

其他有少量副产物乙醛、醋酸乙酯、醋酸甲酯、丙烯醛、二醋酸乙二醇酯和聚合物等生成。

$$CH_3COOH+CH_2\!\!=\!\!CH_2 \longrightarrow CH_3COOC_2H_5$$

$$2CH_3COOH+2CH_2\!\!=\!\!CH_2+3O_2 \longrightarrow$$
$$CH_3COOCH_3+2CO_2+2H_2O$$

$$2CH_3COOH+2CH_2\!\!=\!\!CH_2+3O_2 \longrightarrow$$
$$2CH_2\!\!=\!\!CH\!\!-\!\!CHO+2CO_2+4H_2O$$

$$4CH_3COOH+2CH_2\!\!=\!\!CH_2+O_2 \longrightarrow$$
$$CH_3OCOCH_2\!\!-\!\!CH_2OCOCH_3+2H_2O$$

$$CH_3COOCH\!\!=\!\!CH_2+H_2O \longrightarrow CH_3COOH+CH_3CHO$$

（2）反应条件

① 反应温度　温度对反应的影响如图 6-35 所示。

由图 6-35 可看出，温度低虽然选择性较高，但空时收率低，温度过高，完全氧化副反应加速，选择性显著下降，且出于大量氧消耗于完全氧化副反应，反应器出口气体中氧含量严重下降，并有一氧化碳生成，易造成催化剂中毒，使催化剂活性下降，空时收率显著降低。因此，必须选择一个适宜温度范围，实际操作过程中，应随着催化剂的活性下降而逐步升高温度。

② 反应压力　氧化反应是体积缩小的反应，提高压力有利于反应的进行。且催化剂钯价格昂贵，加压也有利于提高设备的生产能力。从图 6-36 可以看出，随着压力增加，空时收率随着增加。但实际生产中必须从设备要求的经济效果、爆炸极限浓度安全技术

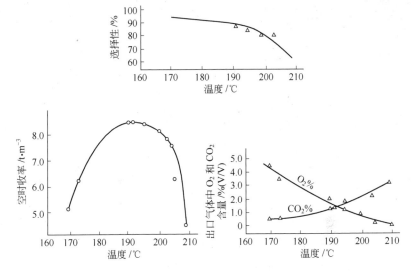

图 6-35　反应温度对空时收率和选择性的影响

等方面综合考虑。在氧存在下，操作压力不宜超过 $9.8×10^5$ Pa。

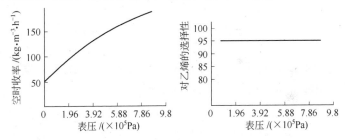

图 6-36　压力对空时收率和选择性的影响

③ 空间速度　如图 6-37 所示，随空间速度由 $1200h^{-1}$ 增加到 $1800h^{-1}$ 时，空时收率增加，选择性也有所提高，但乙烯转化率却下降。综合各方面的因素，选择较高的空间速度 $1200\sim1800h^{-1}$ 较为合适。

④ 原料配比　原料配比一方面受到爆炸极限的限制，同时也影响反应结果。实际生产中采用乙烯大大过量的配比。据研究，乙烯分压高不仅能加快醋酸乙烯的生成速度，并能抑制完全氧化反应

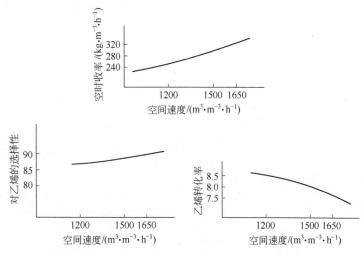

图 6-37　空间速度对空时收率、选择性和转化率的影响

进行；而氧分压增高（小于爆炸极限浓度）虽也能加快醋酸乙烯的生成速度，但完全氧化反应加得更快，故氧分压不宜过高。但氧浓度太低也不相宜，氧浓度低不仅使醋酸乙烯的生成速度减小，且有一氧化碳生成，使催化剂中毒活性下降，最终空时收率会显著降低。所以氧含量必须控制合适。氧的转化率也不能控制过高，要求循环气中氧含量不低于 2%。乙烯单程转化率一般控制在 10% 左右即可，醋酸单程转化率为 18% 左右，氧为 50%～60%，反应选择性为 90%～95%，空时收率为 280～320kg/m³·h。原料气中有少量水存在，可以提高催化剂的活性；CO_2 是惰性气体，适当的存在，可以抑制完全氧化反应和提高氧的爆炸极限浓度。

6.6.3　乙烯氧化偶联生产醋酸乙烯工艺流程

（1）反应器选择　乙烯和醋酸气相氧化偶联生产醋酸乙烯工艺，采用列管式固定床反应器，管内装圆球形催化剂，管间通加压热水，借水的蒸发带走反应热并列产中压蒸汽。由于有完全氧化副反应发生，是一较强放热反应，反应温度是以汽水分离器的压力来调节控制的。

（2）工艺流程 乙烯和醋酸气相氧化偶联生产醋酸乙烯工艺流程如图 6-38 所示。

预热至一定温度的新鲜乙烯和循环气的混合气由下部进入醋酸蒸发器，与自上部流下的醋酸逆流接触，被醋酸蒸气饱和后自蒸发器顶部出来。混合气中醋酸浓度是由醋酸蒸发器的温度调节控制的。新鲜醋酸自蒸发器上部加入。

自醋酸蒸发器出来的混合气体经热交换器和预热器预热至一定温度后，进入氧混合器，在混合器中要求氧很快被稀释到安全浓度范围并迅速达到均匀混合，混合气中氧浓度需严格控制，为安全起见设有联锁报警切断装置。与氧混合后的原料混合气自反应器顶部进入，在一定的反应条件下进行反应，反应气体产物自反应器底部出来。

由于反应后气体中产物醋酸乙烯含量较低，可采用以醋酸作溶剂的吸收分离法，使醋酸乙烯与不凝性气体分离。自反应器出来的反应气体产物经热交换器后，进入气体冷凝器，使大部分未反应醋酸和高沸点副产物被冷凝下来，少量醋酸乙烯也被冷凝，经气液分离器，使气体和凝液分别进入吸收分离塔，用醋酸和凝液溶解气体中所含产物醋酸乙烯、醋酸及副产物，气体自塔顶排出，经循环压缩机增压后，大部分循环回反应器，小部分送入水洗塔，经醋酸和水洗，回收可能夹带的醋酸乙烯和醋酸后，一部分放空，一部分送 CO_2 吸收装置，用热的碳酸钾溶液脱除一部分 CO_2 后，作为循环气送回压缩机，以保证循环气中 CO_2 的含量恒定。自吸收塔塔釜排出的吸收液和冷凝液（总称反应液）进入脱气槽，降至常压，脱去溶于其中的不凝气体后进入恒沸蒸馏塔。

反应液自脱气槽出来先进入恒沸蒸馏塔，塔釜得到浓缩醋酸送往醋酸蒸发器再作原料使用。醋酸乙烯、水和低沸点副产物以接近共沸物组成的馏分自塔顶蒸出，经冷却冷凝后，进入第一分离器，由于醋酸乙烯在水中的溶解度很小，在此分为两层，上层的粗醋酸乙烯部分回流，其余送至脱轻组分塔。在脱轻组分塔，溶于粗醋酸乙烯中的水与部分醋酸乙烯及低沸点副产物以接近共沸物组成的馏

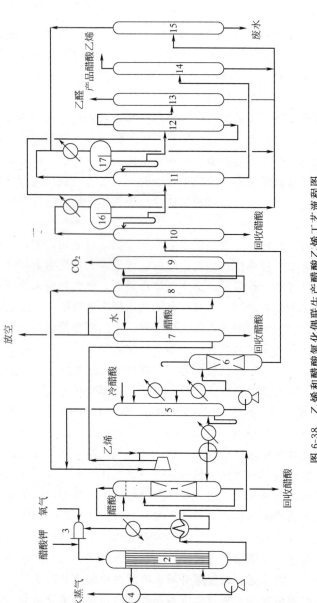

图 6-38　乙烯和醋酸氧化偶联生产醋酸乙烯工艺流程图

1—醋酸蒸发器；2—反应器；3—氧混合器；4—汽水分离器；5—吸收分离塔；6—脱气槽；7—水洗塔；
8—CO₂水洗塔；9—再生塔；10—恒沸精馏塔；11—脱轻组分塔；12—轻组分分离塔；13—乙醛塔；
14—醋酸乙烯精馏塔；15—醋酸乙烯回收塔；16—第一分离器；17—第二分离器；

分自塔顶蒸出，塔釜液相醋酸乙烯进入醋酸乙烯精馏塔进行精馏，塔顶蒸出产品醋酸乙烯。脱轻组分塔塔顶馏出物经冷却冷凝后，进入第二分离器，油层部分回流，其余进入轻组分分离塔。在轻组分分离塔中，低沸点副产物和醋酸乙烯分离。低沸点副产物送入乙醛塔分出副产物乙醛。第一分离器和第二分离器分出的水层送至醋酸乙烯回收塔，蒸出溶于其中的醋酸乙烯和副产物后，塔釜排出的废水进废水处理系统处理。由于醋酸乙烯容易聚合，故在分离精制系统中各个塔均需加阻聚剂。

6.6.4 气固相固定床反应器

凡是流体通过不动的固体物料形成的床层而进行化学反应的设备都称做固定床反应器，其中尤以利用气态的反应物料，通过由固体催化剂所构成的床层进行化学反应的气固相催化反应器，在有机化工生产中应用最为广泛。

（1）固定床反应器的特点　固定床反应器的特点是除床层极薄和气体流速很低的特殊情况外，床层内气体流动的形式接近理想置换流型，返混少，反应物的平均浓度较高，反应速度较快，完成同样的生产任务需要的有效反应体积（催化剂的装填体积）小。物料在反应器中的停留时间可以严格控制，温度分布通过连续换热或段间换热可以进行一定程度的调节，因而有利于提高反应的转化率和选择性。固定床内的催化剂不易磨损，寿命长，可以较长时间连续使用。固定床反应器适宜于在高温高压下使用。

但是，由于固体催化剂在床层内静止不动，而且催化剂载体往往导热性能不良，气体流速受压降限制不能太大，所以固定床传热性能较差，温度控制也较困难。尤其对于放热反应，在换热式反应器的入口处反应物浓度较高时，反应速度快，放出的反应热往往来不及移走，使反应物料的温度升高，这又促使反应以更快的速度进行，从而放出更多的热量，导致反应温度继续升高，以致超过工艺允许的最高温度，甚至会失去控制，降低反应的选择性、催化剂的活性和寿命。此外，固定床反应器不能使用细粒催化剂，否则流体阻力增大。但颗粒直径大会使单位质量催化剂的外表面积减少，降低催化剂内表面的利用率，从而影响气固间的传质和传热。为了解决这个问题，可以采用双孔结构的催化剂。

固定床反应器在化学工业中得到广泛应用，例如石油炼制工业中的裂化、重整、加氢精制等；无机化学工业中的合成氨、硫酸、天然气转化等；有机化学工业中的乙烯氧化制环氧乙烷、乙烯水合制乙醇、乙苯脱氢制苯乙烯、苯加氢制环己烷等。

（2）固定床反应器的结构　固定床反应器按反应中与外界有无热量交换可以分为绝热式和换热式两大类。

① 绝热式固定床反应器　绝热式固定床反应器在反应过程中，床层不和外界进行热量交换，其最外层为隔热材料层（耐火砖、矿渣棉、玻璃纤维等），常称做保温层，作用是防止热量的传入或传出，减少能量损失，维持一定的操作条件。绝热式固定床反应器又分为单段绝热式和多段绝热式两种类型。

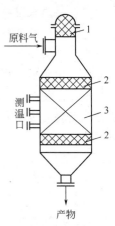

图 6-39　圆筒绝
热式反应器
1—渣棉；2—瓷环；
3—催化剂

a. 单段绝热式反应器　一般为一高径比不大的圆筒体，除在筒体下部装有栅板外，内部无其他构件，栅板上均匀堆置催化剂。反应气体预热到适当温度后，从筒体上部通入，经过气体分布器均匀通过催化剂层进行反应，反应后的气体由底部引出。如图 6-39 所示。这种反应器结构简单，造价便宜，反应器容积利用率高，但进出口温差较大，一般只适用于热效应较小，反应温度允许波动范围较宽，单程转化率较低的场合。

b. 多段绝热式反应器　将固体催化剂分成几段装填到反应器中，在段与段之间进行换热，将反应混合物冷却或加热，这样每段实现的转化率都不太高，可以避免进出口温差太大，超过允许值，并且可以使整个过程在接近最佳温度序列的条件下进行。

多段绝热式反应器又分为中间换热式和冷激式，如图 6-40 所示。中间换热式是在段间装有换热器，利用换热介质将上一段的反应气冷却或加热。冷激式是直接换热式反应器，又有原料气冷激和非原料气冷激两种。它是用低温的冷激气直接与反应器内的气体混合，以达到冷却降温的目的。在 CO 变换、氨合成、甲醇合成以及二氧化硫催化氧化过程中得到广泛应用。

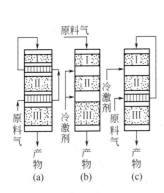

图 6-40 多段固定床反应器
(a) 间接换热式；(b) 直接冷
激式；(c) 混合换热式

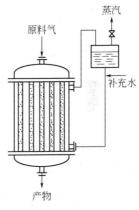

图 6-41 换热式固定床
催化反应器

② 换热式固定床反应器 当反应热效应较大时，为了维持适宜的温度条件，必须利用换热介质来移走或供给热量。按换热介质的不同，可分为对外换热式反应器和自身换热式反应器。

a. 对外换热式反应器 多为列管式结构，如图 6-41 所示。催化剂装填在管内，气体上进下出，管间为换热介质，在反应过程中连续地将反应热移出反应区，或者连续地向反应区供热。这种反应器既适用于放热反应，也适用于吸热反应。为使气体在各管内分布均匀，以满足反应过程所需要的停留时间和温度条件，催化剂的装填十分重要，必须尽量做到装填均匀，力求各管阻力相等，以免造成短路，反应效果降低。为了减小流动压降，催化剂的粒径不宜过小，一般在 2～6mm 左右。对换热介质的一般要求是：在反应条件下稳定、不生成沉积物、无腐蚀性、具有较大的热容、价廉易得等。常用的介质有水、加压水（373～573K）；导生液（联苯与联苯醚的混合物，473～623K）；熔融盐（如硝酸钠、硝酸钾和亚硝酸钠的混合物，573～773K）；烟道气（873～973K）。热载体的温度与反应温度之差不宜太大，以免造成接近管壁的催化剂过冷或过热，过冷时催化剂不能发挥作用，过热时可能使催化剂失活。

　　b. 自身换热式反应器　反应器内换热介质为原料气，通过管壁与反应物料进行换热以维持反应温度的反应器，称为自身换热式（或自热式反应器），如图 6-42 所示。有的氨合成塔和甲醇合成塔属于这种类型，这类反应器的优点是既能做到热量自给，又不需要另设高压换热设备。缺点是热反馈现象严重，操作控制比较困难，原料气的流量、温度、组成变化都会影响热量平衡和反应状况，引起温度波动。所以，自身换热式固定床反应器只适用于热效应不大的放热反应以及高压条件下的反应过程。

　　在固定床反应器中还有一类径向流反应器，气流不是沿轴向而是沿径向通过催化剂床层。这种流程可以解决床层过高、主轴向压力降过大的问题，如图 6-43 所示为径向二段冷激式氨合成塔。由于床层阻力小，可以采用大气量、小颗粒催化剂，有利于减小内外扩散阻力，强化传质，因而特别适用于大中型生产规模的场合。

　　（3）固定床反应器中流体流动　流体在固定床层中的流动情况十分复杂，固定床中孔道弯曲、交错、形状各异，孔道的数目、截面积沿流动方向不断变化，造成流体在流动过程中不断地分散与混合。颗粒越小，形成的孔道数目越多，孔道的截面积就越小；颗粒越不均匀，形状越不规则，表面越粗糙，各孔道的差异性就越大。

　　在固定床反应器中，由于床层空隙率沿径向分布不均匀，导致气流分布不均匀；较大速度的气流动能很大，分股冲入反应器内，也会引起气流分布不均匀。气流分布不均匀会造成沟流和短路，使不同径向位置处的流体元停留时间不一样，造成转化率不一样，从而降低反应效果。

　　因此，为了使气流通过床层时各部分阻力相同，在制备生产催

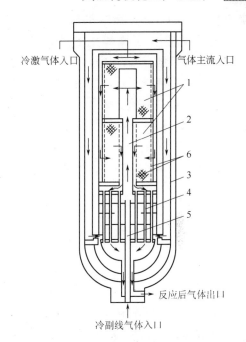

冷激气体入口　　　气体主流入口

1
2
6
3
4
5

反应后气体出口

冷副线气体入口

图 6-43　托普索径向合成塔
1—径向催化床；2—中心管；3—外
筒；4—热交换器；5—冷副线管；
6—多孔套管

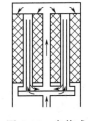

图 6-42　自热式
固定床催化反应器
结构示意图（双
套管催化床）

化剂时，应尽可能使催化剂颗粒大小均匀；在装填催化剂时，应尽可能使各部位的装填量相同。为消除气流的初始动能并均匀布气，一般可以在气流入口处装设气流分布装置，如分布锥、分配头、设置栅板等。也可以在气流入口处设置环形进料管或多口螺旋形进料装置。

6.7　丙烯氨氧化生产丙烯腈

6.7.1　概述

（1）丙烯腈的性质和用途　丙烯腈为无色、易燃、易爆、微具刺激性臭味的液体。微溶于水，能与大多数有机溶剂互溶；能自聚。与空气能形成爆炸混合物，爆炸极限上限 17.0%，下限 3.05%。丙烯腈有剧毒，长时间吸入稀丙烯腈蒸汽，会引起恶心、呕吐、头痛、全身不适、疲倦等症状；丙烯腈蒸汽附着在皮肤上被皮肤吸收，也会引起中毒。

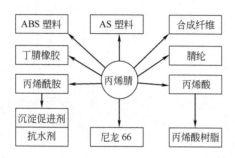

图 6-44　丙烯腈的主要用途

　　丙烯腈是重要的基本有机原料之一，是合成纤维、合成橡胶、合成塑料的重要单体和原料。丙烯腈的主要用途如图 6-44 所示。其中腈纶（聚丙烯腈纤维）是合成纤维的主要品种之一，比羊毛结实、轻软、保温性能好、不怕晒、不怕水洗、不怕虫蛀、耐腐蚀，俗称"人造羊毛"，与棉、毛混纺，可制成各种衣料、毛毯、毛线、人造毛皮等。丙烯腈与丁二烯、苯乙烯共聚生产的 ABS 塑料，其硬度、韧性、耐腐蚀性都很好，表面硬有光泽，易加工成型，在日常生活中应用很广。

　　(2) 丙烯腈的生产方法　　工业上生产丙烯腈的方法有环氧乙烷法、乙醛法、乙炔法、丙烯氨氧化法等四种。

　　① 环氧乙烷法：

$$CH_2\!-\!CH_2 + HCN \xrightarrow{Na_2CO_3} \underset{\ \ OH\ \ CN}{CH_2\!-\!CH_2}$$

$$\underset{\ OH\ \ CN}{CH_2\!-\!CH_2} \xrightarrow{MgCO_3} CH_2\!=\!CH_2\!-\!CN + H_2O$$

② 乙醛法：

$$CH_3-CHO+HCN \xrightarrow{NaOH} CH_3-\underset{CN}{\overset{H}{\underset{|}{\overset{|}{C}}}}-OH$$

$$CH_3-\underset{CN}{\overset{H}{\underset{|}{\overset{|}{C}}}}-OH \xrightarrow{H_3PO_4} CH_2=CH_2-CN+H_2O$$

③ 乙炔法：

$$CH\equiv CH + HCN \xrightarrow{Cu_2Cl_2-NH_4Cl-HCl} CH_2=CH_2-CN+H_2O$$

上面三种生产方法原料贵，需用剧毒的 HCN 为原料，成本高，故限制了丙烯腈的生产发展。20 世纪 50 年代末开发成功了丙烯氨氧化一步合成丙烯腈的新方法。

④ 丙烯氨氧化法：

$$CH_3CH=CH_2+NH_3+\frac{3}{2}O_2 \xrightarrow{Mo-Bi-P-O}$$

$$CH_2=CH_2-CN+3H_2O$$

该法原料价廉易得，可一步合成，投资少，生产成本低，实现工业化后，迅速推动了丙烯腈生产的发展，在世界各国得到了广泛的应用。

6.7.2 丙烯氨氧化反应原理

（1）反应原理

主反应：

$$C_3H_6+NH_3+\frac{3}{2}O_2 \longrightarrow CH_2=CHCN+3H_2O$$

主要副反应：

$$\frac{2}{3}C_3H_6+NH_3+O_2 \longrightarrow CH_3CN+2H_2O$$

$$\frac{1}{3}C_3H_6+NH_3+O_2 \longrightarrow HCN+2H_2O$$

$$C_3H_6+O_2 \longrightarrow CH_2=CHCHO+2H_2O$$

$$C_3H_6 + \frac{9}{2}O_2 \longrightarrow 3CO_2 + 3H_2O$$

(2) 反应条件　主要有原料纯度及配比、温度、接触时间、压力。

① 原料纯度及配比　原料丙烯是从烃类裂解气或石油催化裂化气分离得到，其中可能含有的杂质是 C_2、丙烷及 C_4，也可能有硫化物存在。丙烷和其他烷烃对反应没有影响，它们的存在只是稀释了丙烯的浓度，实际上 50%丙烯-丙烷馏分即可作原料使用。乙烯不如丙烯活泼，一般情况下少量乙烯存在对反应没有不利影响。但丁烯及高级烯烃的存在会给反应带来不利的影响。原因是：丁烯能氧化生成甲基乙烯酮（沸点 79～80℃），异丁烯能氨氧化生成甲基丙烯酯（沸点 92～93℃），它们的沸点与丙烯腈的沸点（77.3℃）接近，给丙烯腈的精制带来困难；使丙腈和 CO_2 等副产物增加；丁烯比丙烯易氧化，会消耗原料气中氧，甚至造成缺氧而使催化剂活性下降，故丙烯中丁烯含量必须控制。硫化物会使催化剂活性下降，应该脱除。

a. 丙烯与空气配比　丙烯氨氧化是以空气作氧化剂。反应在缺氧条件下进行，催化剂就不能进行氧化还原循环，高价金属离子被还原至低价，活性迅速下降。这种失活现象不是永久性的，可通空气使被还原的低价铜重新氧化为六价铜。但在高温下缺氧，或催化剂长期在缺氧条件下操作，即使通空气活化，活性也不可能全部恢复。故必须采用过量的空气，以保持催化剂的活性稳定。但空气过量太多也会带来以下问题：使丙烯浓度太低，影响反应速度，从而降低了反应器的生产能力；在反应器稀相段可能会继续发生氧化反应，使丙烯腈深度氧化为 CO 和 CO_2，因而导致温度升高，丙烯腈收率下降；使动力消耗增加；使反应后产物气体中产物浓度下降，影响产物的回收。在实际生产中保持反应后气体中有 2%的氧含量就可以了。

b. 丙烯与氨配比　丙烯与氨用量比对反应结果的影响如图 6-45 所示。

氨的用量不宜低于理论比，不然就有较多丙烯醛副产物生成，

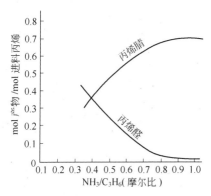

图 6-45　氨与丙烯用量比对反应的影响

丙烯醛易发生聚合堵塞管道。但氨用量过大，会增加氨及中和未反应氨所用硫酸的消耗。适宜的烯氨比与催化剂的效率有关，如催化剂对氢没有分解作用，采用理论用量比已足够了，或稍大于理论值。

　　除控制好丙烯、空气和氨的配比外，在丙烯氨氧化反应中往往采用加入水蒸气以改善反应效果。水蒸气的存在有利于产物丙烯腈的解析，减少丙烯腈深度氧化反应的进行；有利于氨的吸附，防止氨的氧化分解；可加快催化剂的再氧化速度，有利于稳定催化剂的活性；水蒸气有较大热容，可以将一部分热量带走，避免床层过热现象发生，有利于反应温度控制；可消除催化剂表面形成的碳沉积。

　　② 反应温度　反应温度是丙烯氨氧化反应的主要条件。温度对反应的影响如图 6-46 所示。

　　由图 6-46 可看出产物丙烯腈和副产物乙腈及氢氰酸的收率都有一极大值。副产物收率出现极大值时的温度较低。极大值的出现说明在高温时连串副反应加速（主要是深度氧化反应）。反应温度低，虽然副反应很少，但反应速度太慢，丙烯腈收率也很低。一般在 350℃ 以下，几乎没有氨氧化反应发生。要获得高收率丙烯腈，必须控制较高的反应温度，其值与所用催化剂的活性有关，450℃左右。反应温度高于 500℃，丙烯腈的收率明显下降。而高温也会

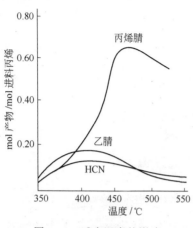

图 6-46　反应温度的影响

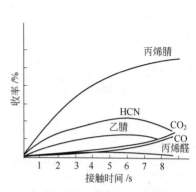

图 6-47　接触时间对反应的影响

使催化剂的寿命降低。

③ 接触时间　氨氧化过程的主要副反应都是平行副反应，接触时间对丙烯转化率和丙烯腈收率的影响如图 6-47 所示。

由图 6-47 可以看出，随着接触时间增加，丙烯转化率增加，丙烯腈收率也随之增加。所以可以控制足够的接触时间，使丙烯达到尽可能高的转化率，以获得较高的丙烯腈收率。采用有良好活性和选择性的催化剂时，丙烯转化率可达到 99％，选择性为 75％左右或更高。但过长的接触时间也不适宜，因为一方面反应设备的生产能力会降低，同时也会使丙烯腈的深度氧化反应进行的程度加深。适宜的接触时间与所用催化剂有关，与采用的反应器型式也有关，一般为 5～10s。

④ 反应压力　在加压下反应，有利于加快反应速度，提高反应设备的生产能力。但实践结果证明，如图 6-48 所示，反应压力增加，选择性下降，副产物增加，丙烯腈的收率降低，丙烯消耗定额增加。故丙烯氨氧化不宜在加压下操作。

6.7.3　丙烯氨氧化工艺流程

（1）反应器选择　丙烯氨氧化生成丙烯腈是一个强放热反应，要求反应系统必须有良好的移出热量的措施，严格控制反应温度，

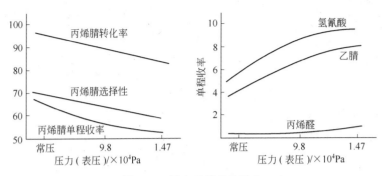

图 6-48　压力对反应的影响

防止局部过热造成丙烯深度氧化放出更大的热量，一是会烧坏催化剂，二是产物在高温下会分解，有可能发生事故。因此在实际生产中选择流化床反应器。在流化床反应器内设置一定数量的 U 形冷却管，通入高压热水，借水的汽化以移走反应热。

（2）工艺流程　丙烯氨氧化生产丙烯腈工艺流程如图 6-49 所示。

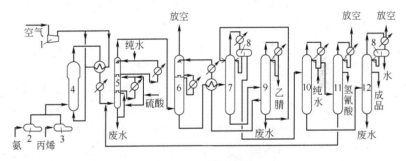

图 6-49　丙烯氨氧化生产丙烯腈工艺流程

1—空气压缩机；2—氨蒸发器；3—丙烯蒸发器；4—反应器；5—急冷塔；
6—水吸收塔；7—萃取精馏塔；8—油水分离器；9—乙腈塔；
10—脱氢氰酸塔；11—氢氰酸精馏塔；12—成品精馏塔

原料空气经过滤器除去灰尘和机械杂质后，用透平压缩机压缩至一定压力，一部分在空气预热器与反应器出口气体进行热交换，预热至一定温度后，由流化床底部经空气分布板进入流化床反应器。丙烯和氨分别由蒸发器蒸发，在管道中混合后，经分布管进入流化床反应器。丙烯和氨与空气一同进入床层反应，反应放出的热量，一部分是由反应气体带走，经过与原料空气交叉换热和冷却器换热得到回收利用，大部分是在反应床中为冷却系统所导出，产生高压水蒸气，作为空气透平压缩机的动力。

因为气体中有氨存在时温度低，易发生聚合反应，致使发生堵塞现象。反应气体产物经热交换后的温度不宜太低，一般控制在250℃左右。氨必须及时除去。除去氨的方法，现工业上均采用稀硫酸中和法，在急冷塔中进行。

急冷塔分为三段，在下段和中段喷淋稀硫酸溶液以中和氨，上段直接喷冷却水，以洗去酸雾和使气体冷却至40℃左右。反应气先进入下段，与稀硫酸逆流接触，进行中和。由于下部是气体增湿过程，需吸收热量，故可自行使气体冷却。冷却至40℃左右的反应气体自急冷塔塔顶出来，进入水吸收塔。

从急冷塔塔顶出来的气体含大量氮气、产物丙烯腈、副产物乙腈和氢氰酸，由于丙烯腈、乙腈、氢氰酸和丙烯醛都能溶于水，而其他气体不溶于水，或在水中溶解度很小，故可采用水吸收法，使产物和副产物与其他气体分离。

由急冷塔出来的气体进入水吸收塔，用冷水进行吸收，产物丙烯腈，副产物乙腈、氢氰酸、丙烯醛及丙酮等溶于水中，其他气体由塔顶排出送往火炬。

从水吸收塔釜排出的吸收液，首先进入萃取精馏塔中，丙烯腈与氢氰酸一起由塔顶蒸出，由于丙烯腈和水是部分互溶，塔顶馏出物冷凝后进入油水分离器分离，水相回流，油相为粗丙烯腈送脱氢氰酸塔进一步精制。萃取精馏塔塔釜排出液送乙腈塔进一步分离，回收副产物乙腈。

乙腈塔塔顶蒸出乙腈和水及少量氢氰酸、丙烯醛等副产物。在近塔下部处，采取侧线出料。这部分水中乙腈含量较高，可循环回水吸收塔作吸收水用。塔釜水中含乙腈极少，大部分可循环回萃取精馏塔作萃取水用，一小部分排出系统进行处理，这部分污水含有氰化物等剧毒物质，必须要进行专门处理。

从萃取精馏塔蒸出的粗丙烯腈，首先送入脱氢氰酸塔，由塔顶脱去氢氰酸。塔釜液送入成品塔分离掉水和高沸点杂质。塔顶的馏出液经冷凝和分层，水层分出，油层回流。成品丙烯腈自塔上部侧线采出，送入成品槽。

自脱氢氰酸塔顶蒸出的氢氰酸，再经氢氰酸精馏塔精馏，脱去溶于其中的不凝气体和分离掉高沸点物丙烯腈，即可得到高纯度的副产物氢氰酸。

6.7.4 流化床反应器

（1）流化床的特点　气体或液体自下而上通过固体颗粒床层，当流体速度增加到一定程度时，颗粒被流体托起作悬浮运动，这种现象叫固体流态化。利用流态化技术进行化学反应的装置称做流化床反应器。

① 流化床反应器在化学工业中得到广泛的应用，在于它和固定床反应器相比具有以下优点。

a. 从对催化剂的要求看，可采用小颗粒且粒度范围较宽的催化剂，从而增大了气固相接触面积。

b. 从传热看，由于采用小颗粒催化剂，流体和催化剂颗粒间的传热面积大，所需传热面积小。另外，由于流体与颗粒间的剧烈搅动混合，使床层温度均匀。

c. 从传质看，由于催化剂颗粒和流体处于剧烈搅动状态，气固相界面不断更新，使传质效果好；加之催化剂粒度小，单位体积催化剂具有很大的表面积，使传质速率加快。

d. 从操作看，由于催化剂颗粒有类似于流体的流动性，因而从床层中取出和加入新的颗粒都很方便，这对于催化剂容易失活的反应，可使反应过程和催化剂再生过程连续化，且易于实现自动控制。

e. 从生产规模看，流化床传热良好，设备结构简单，投资省，适合于大规模生产。

② 流化床由于气流和固体颗粒间的剧烈搅动，也产生一些

缺点。

　　a. 返混严重，导致反应物浓度下降，转化率下降。

　　b. 气固流化床常发生气体短路与沟流，大大降低了气固相接触效率，使转化率下降。

　　c. 催化剂颗粒间的剧烈碰撞，使其破碎率增大，增加了催化剂损耗，需增加回收装置。

　　d. 由于催化剂颗粒与器壁的剧烈碰撞，易造成设备的磨蚀，增大了设备损耗。

　　由于流化床反应器具有传质、传热速率高，床层温度均匀，操作稳定，经济效果好等突出优点，其缺点又可通过增加设备附件等措施加以克服或改善，因而在工业生产中得到了广泛的应用。流化床反应器适用于热效应很大的放热或吸热反应；要求有均匀的催化剂温度并需要精确控制温度的反应；催化剂使用寿命短，需要时常更新或活化的反应；某些可以在高浓度下比较安全操作的氧化反应以及有爆炸危险的反应等。对于要求高转化率的反应，要求催化剂床层有温度分布的反应，一般不适于使用流化床反应器。

　　(2) 流化床结构分类　流化床反应器的结构形式很多。

　　① 按固体颗粒是否在系统内循环，流化床分为单器流化床和双器流化床。单器流化床的应用最为广泛，如萘氧化反应器、乙烯氧化反应器等。如图 6-50、图 6-51 所示。这类反应器多用于催化剂使用寿命较长的气固相催化反应过程。双器流化床多用于催化剂使用寿命较短，容易再生的气固相催化反应过程，如石油炼制工业中的催化裂化装置，如图 6-52 所示。催化剂在反应器和再生器之间循环，同时完成了催化反应和催化剂再生的连续操作过程。

　　② 按床层的外形，流化床分为圆筒形流化床和圆锥形流化床。圆筒形流化床结构简单，制造容易，设备容积利用率高。圆锥形流化床结构形式如图 6-53 所示。这类反应器结构比较复杂，制造较困难，设备利用率较低，但因其截面自下而上逐渐扩大，故也有其

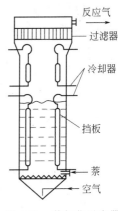

图 6-50 萘氧化反应器

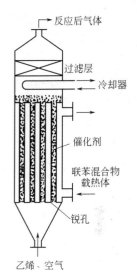

图 6-51 乙烯氧化反应器

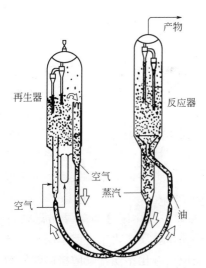

图 6-52 SODⅣ型流化催化裂化装置

突出的优点。

a. 适用于催化剂粒度分布较宽的体系。圆锥床底部的高气速可保证粗颗粒的流化，顶部的低气速则可减少颗粒的夹带，提高了小颗粒催化剂的利用率，同时也减轻了气固分离设备的负担，这对于低速下操作的工艺过程可获得较好的流化质量。

　　b. 底部气体和催化剂颗粒的剧烈湍动，可使气体分布均匀，反应不至于过分集中于底部，故可减少底部过热和催化剂烧结。

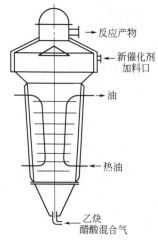

图 6-53　圆锥形流化床反应器

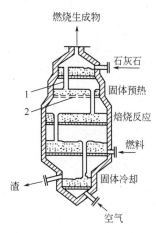

图 6-54　石灰石焙烧的多
层式流化床示意图
1—溢流管；2—气固分布板

　　c. 适用于气体体积增大的反应。反应过程中气体在床层中上升，随着静压的减小，体积会相应增大，若为分子数增加的反应过程，则气体体积会增大更多，采用圆锥床，可适应体积增大反应的特点，使流化更趋平稳。

　　③ 按反应器层数，流化床分为单层流化床和多层流化床。气固相催化反应主要使用单层流化床，但单层流化床的气固相间不能进行逆相操作，反应的转化率低，气固接触时间短，而且满足不了某些过程需要不同阶段控制不同反应温度的要求，这时以采用多层流化床为好。在多层流化床中，气体自下而上通过各段床层，流态化的固体颗粒沿溢流管从上往下依次流过各层分布板。用于石灰石

焙烧的多层流化床的结构，如图 6-54 所示。

④ 按床层中是否设置内部构件，流化床分为自由床和限制床。床层中设置构件的称限制床，反之称为自由床。设置内部构件的目的在于增进气固接触，减少气体返混，改善气体停留时间分布，提高床层稳定性，从而使高床层和高流速操作成为可能。这对于反应速度慢、级数高以及副反应严重的气固相催化反应的优化是十分重要的。因此，许多流化床反应器都采用限制床。对于反应速度快，延长接触时间不至于产生严重副反应，或对产品要求不严的催化反应过程，则可采用自由床，如石油炼制工业中的催化裂化反应器便是典型的例子。床层内设置的换热器在某种程度上也起到内部构件的作用，但习惯上仍称为自由床。

（3）流态化的类型及特征

① 理想流态化　理想流态化具有以下几个特征：有一个明显的临界流化点及临界流化速度，当流速达到临界流化速度时，整个床层开始流态化；流态化床层的压降为一常数；流态化床层具有一个平稳的床层界面；流态化床层的空隙率均匀，不因床层的位置而变化。

② 散式流态化和聚式流态化　对于液-固系统，流体与颗粒的密度相差不大，其临界流化速度一般很小，颗粒在床内的分布也比较均匀，故称做散式流态化。对于气-固系统，当流速超过临界流化速度时，将出现很大的不稳定性，颗粒湍动，有气泡通过床层，气速越高，气泡造成的扰动也越剧烈，使床层波动频繁，这种形态的流化称做聚式流态化。

（4）流化床中常见异常现象　散式流态化是均匀的，床层空隙率各处基本相同，随着流速增加，床层均匀变疏。但是，在基本有机化工生产中的气固相反应则多为聚式流态化，其气体和固体的接触相当复杂，经常产生一些不规则状态，常见的不正常现象有以下两种。

① 沟流　如图 6-55（a）所示，其特征是在床层中形成气体流动的通道，大量气体沿床层上升，只有少量气体和催化剂颗粒接

触，使部分颗粒流化，大部分床层仍处于固定状态。沟流的结果使气固接触不均匀，有可能产生死床，造成催化剂烧结，降低催化剂的活性和寿命，同时也降低了设备的生产能力。产生沟流的原因主要有：颗粒粒度小、潮湿且易黏结；气体流速小；气体分布板设计不完善，通气孔数少。消除沟流最有效的办法是加大气速，预先干燥物料，在床内加内部构件及改善分布板结构等。

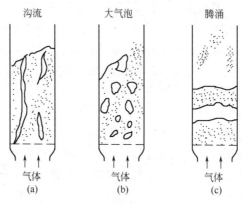

图 6-55　不正常流化状态

② 大气泡和腾涌　如图 6-55(b) 所示，其特征是气泡在床层内逐渐汇合长大，使气固接触极不均匀，床层波动也较大，如果气速继续增加，则气泡可能增大到接近反应器直径，此时气泡充满整个床层截面，床层被分为几段，床内物料以活塞推动方式向上运动，达到某一高度后，气泡破裂，颗粒雨淋而下，这种现象称为腾涌，如图 6-55(c) 所示。

大气泡和腾涌的结果使气固接触不良，降低催化剂的寿命和设备的生产能力，还增加了颗粒的磨损和带出，甚至能引起设备振动，造成床内部构件的损坏。造成大气泡和腾涌的主要原因有：床层的高径比较大；颗粒粒度大；气流速度较高。消除腾涌的办法是床层内架设内部构件，以防止大气泡的产生，或在可能的情况下减小气速和床层高径比。

（5）流化床研究发展方向　流化床的研究主要有以下几方面。

① 改变鼓泡流化床的某些参数，如提高气速，采用较细颗粒催化剂，使鼓泡流化床转化为湍动流化床，床层的反应性能可以大大改善。研究发现上述过程在很宽物性范围和床层结构特征下，逐渐提高气速，流化床都会发生从鼓泡流态化向湍动流态化的转变。

② 改善颗粒粒度结构，对催化剂的粒度和粒度分布进行优化选择，可使聚式流化散式化。实验表明，减小平均粒径，加宽粒径分布或增加细颗粒含量，能改善流化质量，如增加床层膨胀程度，提高两相交换能力，减轻短路现象，并有可能省去内部构件。

③ 采用加压流化床是使聚式流化向散式流化转变的有效手段之一，在较高压力下，不但可以增大处理量，而且由于减小了固体密度与气体密度之差，有利于流化质量的改善。

④ 采用细颗粒加速流化床可以减小返混，提高两相接触效率，强化传热，使生产能力提高。快速流化床和传统流化床相比具有显著的优点，它已作为一种新型高效设备在石油、化工、冶金等部门逐渐推广使用。

⑤ 把外力场（如电场、磁场、离心力场等）引入流化床，可以改变颗粒的受力状况，增加床层的稳定性。例如在磁场流化床中，铁磁性催化剂颗粒受到磁场的约束，气流通过时可发生无气泡的均匀流化。但目前这项技术距工业应用尚有一定的距离。

⑥ 振动（机械振动、声波或超声波振动等）流化床可以在很低的流化速度下形成均匀流化。目前，对振动流化技术的研究还主要局限在流体力学和热量传递、干燥特性及振动参数的影响等方面。

另外，搅拌流化床在一些特定操作条件下也被采用，它除了能提高流化质量外，在防止细粉和超细粉料流化时形成沟流，以及颗粒有黏结和附壁倾向时进行稳定操作方面，都能起到重要作用。这种反应器现已在一些大型烯烃气相聚合反应中采用。

思考 与 练习

1. 简述天然气蒸汽转化反应原理。

2. 天然气蒸汽转化为什么要采用加压操作？

3. 简述合成气合成甲醇的反应原理。

4. 画出合成气合成甲醇的典型工艺流程，并文字叙述。

5. 简述釜式反应器的结构和各部分的作用。

6. 画出甲醇羰化生产的典型工艺流程，并文字叙述。

7. 简述烃类热裂解的规律，并指出烃类热裂解反应中哪些是主反应，哪些是副反应。

8. 烃类热裂解反应器出炉后为什么要采用急冷？

9. 乙烯氧化生产乙醛一步法和二步法各有什么特点？

10. 简述鼓泡塔反应器的结构特点。

11. 常用的固定床反应器有哪几种？列管式固定床有什么特点？

12. 什么是氧化偶联反应？简述乙烯氧化偶联生产醋酸的原理。

13. 画出丙烯氨氧化生产丙烯腈的工艺流程图，并文字叙述。

14. 流化床反应器有什么特点？

第 4 章

6. 13. 85g

7. 9. 45mol/L

8. 13. 05mol/L

9. 488ml

10. 77. 3kg/h

11. 452. 3kg

12. 醋酸 49. 29%，水 12. 35%，苯 38. 36%，流量 810. 15kg/h

13. 2000kg/h

14. 单程转化率 4%，总转化率 88. 9%，单程收率 3. 76%，总收率 83. 5%

参考文献

[1] 张弓主编.化工原理.上、下册.北京：化学工业出版社，1981.

[2] 田铁牛主编.化学工艺.北京：化学工业出版社，2002.

[3] 李文原主编.化工计算.北京：化学工业出版社，1999.

[4] 余经海主编.化工安全技术基础.北京：化学工业出版社，1999.

[5] 刘宝鸿主编.化学反应器.北京：化学工业出版社，1999.

[6] 赵杰民主编.基本有机化工工厂装备.北京：化学工业出版社，1993.

[7] 吴指南主编.基本有机化工工艺学.北京：化学工业出版社，1993.

[8] 化工百科全书编辑委员会.化工百科全书：第9卷.北京：化学工业出版
     社，1995.

[9] 李稳宏主编.工业化学.西安：西北大学出版社，1992.

[10] 吴章杋，黎喜林主编.基本有机合成工艺学.北京：化学工业出版
     社，1992.

[11] 曾繁芯主编.化学工艺学概论.北京：化学工业出版社，1998.

化学工业出版社培训类图书

以上图书由化学工业出版社　机械·电气分社出版。如要以上图书的内容简介和详细目录，或者更多的专业图书信息，请登录 www.cip.com.cn。如要出版新著，请与编辑联系。

地址：北京市东城区青年湖南街 13 号　（100011）

购书咨询：010-64518888（传真：010-64519686）

编辑：010-64519262